中公新書 2007

JN262893

加藤 文元 著

物語 数学の歴史

正しさへの挑戦

中央公論新社刊

はじめに

　数学の歴史の大きな流れを，文化史・文明史的な視点から，できるだけ整合性のあるまとまりとして一望したい，というのが本書において筆者が目指したことである．そのため，数学の専門的な内容はできるだけ噛み砕いてわかりやすくする一方で，主に数学の発展史における思想面での変遷に重点を置き，さらには人物史的側面も可能な限り手際よくまとめるよう心がけた．

　我々日本人が数学の歴史を眺めるとき，特に興味深い流れが二つある．一つは古代ギリシャ世界から始まり，中世アラビア世界を経由して，その後ヨーロッパ世界に流入した，いわゆる「西洋数学」の流れであり，もう一つは古代中国に起源を発し，近世以降の日本に和算という独特の数学の伝統をもたらした，いわゆる「東洋数学」の流れだ．もちろん，数学の歴史がこのように二分されるわけではないし，西洋的とか東洋的という言い方もナイーブすぎるだろう．しかし，このような二分法は，古代から中世，近代，そして現代へと流れる数学史の深層的「物語」を語る上で，大変便利な舞台設定を提供する．

i

　いわゆる西洋数学のルーツは，主にエジプト文明とメソポタミア文明にあると思われるが，中世アラビアにおいてはインドや中国の数学の影響も受けている．西洋数学は，言わば，多くの数学の伝統が融合したブレンド数学なのである．そのブレンドに要した時間は，アラビア期だけでも700年もの長きにわたるわけで，その後年への影響は，当然ながら極めて重大なものがある．

　一方の東洋数学は，これに対して，中国文明が古代より現代に到るまで，完全な崩壊を経験することなく連続性を保ち続けた唯一の文明であることを反映してか，良くも悪くも直線的な発展を遂げてきたようだ．だから，東洋数学が一種の純血性を保ちながら発展し得たのに対して，西洋数学は常にその内部に，固有の葛藤と苦悩を抱えながら進まざるを得なかったように見える．

　これらの点とも関わってくるのであるが，この本が語ろうとしている数学史の物語においては，数学における「らしさ」の問題が重要になることが多い．数学も，それを創始して発展させたのが人間である以上，他の学問と同様に人間らしさが反映されている．数学を学ぶことは，人間を学ぶことである．だから，西洋数学と東洋数学という，この本が採用する方便としての二分法においては，それぞれ西洋らしさと東洋らしさが重要な要素となるはずだ．

　そもそも人間が「数学する」ことにおいて，最も重要な行為は「計算する」ことと「見る」ことである．計算

することは，例えば数の計算や記号の演算などを通して問題に答えを与えたり，論証をしたりすることであり，形式的で機械的な作業の意味合いが強い．他方，見ることは，線分の長さや図形の面積，角度といった外延的な量について，問題を解いたり論証したりすることであり，より直観的な行いである．要するに，数学には形式的な式の計算もあれば，直観的な図形の取り扱いもある，という二面性があるわけだ．この二面性はその表象において，算術か幾何か，離散か連続か，アルゴリズムか外延か，といった数々の二分法を，その歴史の折々にもたらしている．

西洋数学の歴史においては，この形式的側面と直観的側面との間の駆け引きや葛藤が多く見出される．そしてここに，物語としての数学史のドラマチックな展開や，人間性が色濃く現れることが多い．現代の我々から見ると，まさにこの二つの側面を一つに統合することが西洋数学の悠久の目標であり，その苦悩の原点であるように見える．ピタゴラス学派による通約不可能性の発見然り，ヴィエトやライプニッツによる普遍数学の試み然りである．そして，西洋数学精神固有の苦悩をいくつも克服し得た驚異の19世紀を経て，西洋数学は「集合論」の中にその統合の望みを託す．しかし，それはまたしても体系の危機を引き起こす不協和音を抱えていた．

この葛藤の物語から特に浮き彫りになることは，西洋数学の流れにおいては，19世紀以降の200年という期

間の発展が飛び抜けて爆発的であるということだ．その異常性はそれ以前のギリシャ数学期やアラビア数学期において虎視眈々と準備されたものであり，西洋数学が自分らしさを獲得しようとする，一種の弁証法であるとも言えるだろう．

　一方の東洋数学においては，これほどまでに短期間に爆発的な発展を遂げた時節はなかったようだ．その理由はいろいろ考えられるだろう．中国文明自身が古代の発祥より現代に到るまで本質的な連続性を保ち得たことも理由の一つであろうし，ジョセフ・ニーダムが言うように，秦による統一以降の国家体制や強力な官僚機構の存在もまた重要な要因であろう．ただ，大きな時間のスパンで見た場合，中国や日本における数学が，西洋の数学に比べて決定的に後進的であったというわけでもないようだ．少なくとも18世紀までの状況においては，西洋における微分積分学の発見にもかかわらず，東洋数学と西洋数学は，その質や見識の高さにおいて，基本的には互角であったとも思われるのである．

　そして現在の数学は，西洋も東洋もない，一つの「人間の数学」になりつつある．ここにも一つの統合が見られるわけだ．もちろん，形式か直観か，計算することか見ることか，アルゴリズムか外延か，といった葛藤は今でも続いているし，これからも続くであろう．このような歴史の流れを通して，数学史における思想面での深層的推移を，大きな時代のスパンで概観することが，この

本における筆者の目論見である.

　第1章から第3章までは，古代の数学を概観する．ここで最初に考える必要があるのは，何をもって数学の歴史の始まりとするのかという問題である．この本では，これを一般的な視野から考えるというよりは，この本が取り扱う「物語」の始まりとして位置付け，それなりの立場表明としたいと思っている．そのため，第1章では「割り算」を数学の「芽」として位置付け，そこからいかにして，各々の古代文明らしさのある数学が生まれ出たかについて考えたい．その上で，第2章では数学史という物語の始まりについて，やや踏み込んだ議論をしようと思う．第3章では，古代ギリシャ世界の数学に焦点を当て，その特徴についても詳しく考えたい．

　第4章は古代から中世への，言わば過渡期の歴史についてである．上にも述べたように，この時期に準備されることは，後年の爆発的な発展や，20世紀における「人間の数学」への発展をもたらす重要な鍵である．

　第5章と第6章で述べることは，中世以後，18世紀までの状況の概観である．第5章では，ヨーロッパ期の西洋数学最初の独自の理論体系である，微分積分学の発見について概観する．それは，後の19世紀的発展ほどには爆発的な効果はもたらさなかったが，西洋数学が，その「らしさ」に一歩近付いた重要な事件である．次の第6章では，主に18世紀の発展について述べることになるが，ここでは，特に西洋と東洋が，その内容におい

ても見識においても，互いに大変似通った発展をしていることに気付くであろう．

　第7章から第10章までが，19世紀西洋数学の歴史である．その「人間の数学」への歴史的意義の大きさもあるが，多くの数学史の本があまり19世紀以降の数学について触れていないことも考慮して，このように多くの章を割り当てることにした．第7章は，19世紀西洋数学の発展の口火を切る大事件，いわゆる「非ユークリッド幾何学の発見」の歴史を概観する．第8章は5次以上の代数方程式の問題について，いわゆるガロア理論という理論の発展史を見る．次の第9章においては，建築や美術に端を発した，いわゆる射影幾何学を，第10章ではまさに上述した形式的側面と直観的側面の19世紀的統合の試みを，ガウスやリーマンの仕事を概観しながら考えていくことになる．

　第11章の内容は，若干時系列からは外れるが，いわゆる「フェルマーの最終定理」をめぐる3世紀半の歴史の物語である．そこには19世紀西洋的側面を多く見出すことになるが，結果として現代の全人類的な数学の姿を彷彿とさせるものがある．実際，そこには多くの日本人の本質的な寄与もあるのである．

　最後の第12章は，筆者なりの「部分的な」現代数学史の試みである．数学が爆発的発展を経験した結果，非常に多くの分野を擁するものとなってしまった以上，現代史の試みは少々危険なものであろうが，ここでは「空

間」と「構造」というキーワードから，一つの切り口を示してみたいと思う．

　物語としての数学史を概観しようとするならば，ある程度は数学の内容も理解しなければならないだろう．もちろん，専門的な内容について詳細に理解する必要はない．この本で説明するくらいの，かなり大雑把なものでもよいのである．ただ，その思想的な内容の推移が，数学史の大きな流れの中の一翼として実感できることが大事だと思われるし，それができれば，筆者の目論見は成功したと言えるだろうと思う．

物語 数学の歴史

目次

第 1 章

数学の芽

1 𒁹	11 𒌋𒁹	21 𒎙𒁹	31 𒌍𒁹	41 𒐏𒁹	51 𒐐𒁹
2 𒈫	12 𒌋𒈫	22 𒎙𒈫	32 𒌍𒈫	42 𒐏𒈫	52 𒐐𒈫
3 𒐈	13 𒌋𒐈	23 𒎙𒐈	33 𒌍𒐈	43 𒐏𒐈	53 𒐐𒐈
4 𒐉	14 𒌋𒐉	24 𒎙𒐉	34 𒌍𒐉	44 𒐏𒐉	54 𒐐𒐉
5 𒐊	15 𒌋𒐊	25 𒎙𒐊	35 𒌍𒐊	45 𒐏𒐊	55 𒐐𒐊
6 𒐋	16 𒌋𒐋	26 𒎙𒐋	36 𒌍𒐋	46 𒐏𒐋	56 𒐐𒐋
7 𒐌	17 𒌋𒐌	27 𒎙𒐌	37 𒌍𒐌	47 𒐏𒐌	57 𒐐𒐌
8 𒐍	18 𒌋𒐍	28 𒎙𒐍	38 𒌍𒐍	48 𒐏𒐍	58 𒐐𒐍
9 𒐎	19 𒌋𒐎	29 𒎙𒐎	39 𒌍𒐎	49 𒐏𒐎	59 𒐐𒐎
10 𒌋	20 𒎙	30 𒌍	40 𒐏	50 𒐐	

バビロニア数字——古代バビロニアでは，楔形文字を
用いた 60 進法の記数法が使われていた（本文 10 頁参
照）．

割り算

　人類の歴史の中で，何が数学の始まりと言えるだろうか．数えることや測ることだろうか．数えることは数の概念を通して，数学の算術的で形式的な側面，つまり「計算する」ことへ，測ることは図形や量の概念を通して，数学の直観的な側面，つまり「見る」ことへとつながっていく．だから，数えることや測ることを数学の起源とする考え方には，確かに一理ある．しかし，それだけでは学問としての数学への道程は，まだまだ遠すぎる．

　それでは，数や図形の概念が抽象されれば，それで数学の始まりと言い得るだろうか．確かに，数えるという具体的な行為から数という抽象概念へ飛翔することは，間違いなく非常に優れた抽象能力の所産である．牛が2頭いることと2日間という時間の長さが，どちらも共通の「2」という概念に抽象できるというわけだ．冷静になって考えてみれば，実に驚くべきことである．「2」という概念は，それが牛の数や日数を表すように，現実世界の具体的な事物や事象に不可分に取り憑いているものではあるが，それそのものは極めて抽象的なものだ．実際「2」というものを手のひらにのせて，これが「2」というものですよ，などと言って人に見せることはできない．これほど抽象的な概念の獲得のためには，それ相応の進化が必要である．

　だから，数や図形の概念の獲得をもって数学の始まり

とする考え方には，実際かなりの分があると言えるだろう．しかし，それでもまだ，これを数学の始まりだと断定するのには慎重を要する．何しろ，時代が古すぎるのである．数や図形の概念の獲得などと言い出すと，旧石器時代にも遡らなければならない．そこまで古くなってしまうと，その背景にいかなる動機や思想があったのかを推し量ることは難しい．

　数や図形概念の獲得は，確かに数学のタネではあっただろう．しかし，我々が知りたいのは，数学の「芽」とでも呼べるものだ．そこから今にも数学の豊かな世界が溢れ出ようとする源である．それはまさに，昔日の人々の数や図形に対する基本的態度や思想を，現代の我々にも語りかけてくる源泉であるはずだ．

　そもそも，本格的な数の概念の獲得は，数を書いたり表現したりすることから始まったのだろう．だから，それは文字の使用と密接な関係にあったはずだ．そして，数を使って計算する行為も，これとほとんど同時に始められただろうと思われる．もちろん，このようなことは憶測にすぎないのであるが，数という概念を抽象し表現するそもそもの動因が，計算することにあったと考えるのは自然なことだ．

　数の概念は，個数や量，長さといった自然界の事物事象の属性を，それら事物事象からいったん離れて抽象化したものである．今でも我々は，数をいったん自然から離れて抽象的な記号として計算し，得られた結果を再び

自然界の事物事象に適用するという行為を，普段から全く普通に行っている．スーパーマーケットでは，レジが計算して数字という記号で表示してきた金額を，我々は支払っているのだ．実際に計算しているレジにとっては，購入した商品が何なのかということは全く関係がない．ただ，抽象的な数だけが問題とされている．

　実際の商品が何であるかといったことは完全に忘れ去り，その個数や値段という，非常に限られた属性のみを問題とすること．このような，言わば「意図的な健忘」が，抽象化の裏には必ずある．そして，この意図的ということに高い精神活動の一端が垣間見えるわけだ．

　いずれにしても，このような形での数との関わり方は，程度の差こそあれ，本質的には数の概念が獲得されたときから始まっていたと考えてよいだろう．だから，複雑さの程度こそ時代や地域間格差があり得たとしても，基本的には，文字を使用するようなすべての文明において，何らかの形で数の計算が行われてきたに違いない．

　ここで言う計算とは，特に実生活に密着したもの，つまり，たし算，引き算，かけ算，割り算という，いわゆる四則演算である．これより他の演算，例えば平方根や立方根を開くといった演算がスーパーマーケットやレストランで用いられるのを，筆者は見たことがない．

　そして，この四つの演算は，大体ここに述べた順序に難しくなっていくと思ってよいだろう．実際，たし算，引き算，かけ算に比べて，割り算は格段に難しい．しか

し難しさだけではない，もっと異質の違いが，割り算と他の三つとの間にはあるように思われる．

例えば6を2で割るというとき，我々は当然 $6 \div 2 = 3$ とか，同じことだが $\frac{6}{2} = 3$ というような計算式を期待している．しかし，例えば16を7で割るなどという場合はどうだろうか．ある場合には

$$16 \div 7 = 2 \cdots 余り 2$$

というものを期待するだろうし，他の場合には

$$16 \div 7 = 2.2857142857 \cdots$$

というものを想像する人もいるだろう．そうかと思えば，単にこれを分数

$$\frac{16}{7}$$

で書いて，それ以上どうする必要も感じない場合だってある．

要するに，たし算，引き算，かけ算と違って割り算は，それが考えられる文脈の影響を受けるのである．たし算や引き算やかけ算は，大体どのような場合も，答えとして期待されるものは決まっている．しかし割り算においては，何をもって割り算とするのか，何をもって割り算ができたこととするのか，という点に立場や文脈の違いが如実に現れる．

だから，古代人の計算が今に伝えられている中でも，割り算には格段に人間の精神活動の息吹が感じられるわけだ．そして，実際そこから，より深い数学が生まれて

いるのである.

　まさに割り算こそが数学の芽である.

エジプト文明

　古代エジプト人は，大変不思議な計算を残している.
例えば,

$$\frac{2}{13} = \frac{1}{8} + \frac{1}{52} + \frac{1}{104}$$

のようなものである. つまり, エジプト人は $2 \div 13$ の
ような割り算の答えとして, どういうわけか, 右辺のよ
うなものを考えていたふしがあるのだ. このような計算
は『リンド・パピルス』という文献に数多く残されてお
り, 様々に憶測がなされているが, その背景や理由はよ
くわかっていない.

　要するに分数を, $\frac{1}{8}$ や $\frac{1}{52}$ のように分子が 1 であるよ
うなもの, いわゆる「単位分数」のたし算に分解するこ
とが, その目的であるようなのである. しかし, それだ
けが目的なら, 例えば

$$\frac{2}{13} = \frac{1}{13} + \frac{1}{13}$$

としてしまえば, いつでも全く簡単にできてしまう. だ
から, 他に何かもっと深い理由があったはずだ.

　ファン・デル・ヴェルデンはこのような計算に, 興味
深い解釈を与えている[*1]. それによると, これらの計算
の背後には, 古代エジプト人の数に対する基本的な考え

方や，彼ら独自の計算技法が色濃く反映されていることがわかるのである．

　古代エジプト人達の数に対する見方が，現代の我々のものとはかなり異なっていたことは間違いない．一般的に言って，古代人にとっての数とは，ものの「個数」や図形の長さ，面積といった「量」を表すもの，という意味合いが非常に強いのだ．そしてこのことが，数や数の計算に対する基本認識の歴史的・地域的多様性をもたらすのである．

　エジプトではかなり早くから，ある程度抽象的な幾何学の知識が獲得されていた．これは毎年繰り返されるナイル川の氾濫の後に，川岸の区画整理を行うための測量技術が発達したことによる．これらの測量を行う人々はハルペドナプタイ（縄張り師）と呼ばれ，縄を巧みに使って長さや面積を測量する技術に長けていたらしい．例えば，3，4，5の辺の長さから直角三角形を作ることができることを知っていた彼らは，これによって直角を作っていた．

　したがって，エジプト文明初期の数学的萌芽には，このような実用的な幾何学的知識もあったわけである．これらの幾何学的知見のいくつかは，パピルスに記載されることで後世に残されている．有名な『モスクワ・パピ

＊1　ヴァン・デル・ウァルデン『数学の黎明』村田全・佐藤勝造訳，みすず書房（1984）第1章．

ルス』の成立年代は紀元前 1850 年頃であるし，前述の
『リンド・パピルス』は紀元前 1650 年頃のものとされて
いる．図形を描くことで考察される彼らの幾何学にとっ
て，パピルスは格好のメディアであっただろう．その上
に図形を描画しやすいからである．

　このような幾何学的量を表すという側面から，量の学
問としての数学を発展させるという傾向は，主にエジプ
ト人から数学を学んだ古代ギリシャの数学へと一貫して
引き継がれることとなるが，それは後回しにして，次に
メソポタミア文明の状況を見てみよう．

メソポタミア文明

　古代メソポタミア文明の数学においても初等的な幾何
学の知見が数多く見られるが，彼らの数学の真骨頂は，
なんと言っても数の計算にあった．これは古代バビロニ
アの人々が用いたメディアが，主に粘土板であったこと
も影響しているだろう．粘土板の上には図形が描画しに
くい一方で，計算手順や数表を記述するには適していた
からだ．例えば『BM13901』[*2]という粘土板文献には，
2 次方程式の解法や，消去法を用いた連立方程式の解法
が記載されている．古代エジプト人の数学が「見る」こ
とを出発点としていたのに対して，古代バビロニアの
人々にとっては「計算する」ことが，彼らの数学の始ま

＊2　「BM」というのは大英博物館（British Museum）を表す．

りだったのである.

　粘土板は風化に強く保存に適しているという利点があるため,　メソポタミア文明の数学的知見については,　数多くの資料がある.　例えば,　有名な粘土板文献『プリンプトン322』には,　後述する「ピタゴラスの三つ組」が記載されている.　古代バビロニアの人々は,

$$120^2 + 119^2 = 169^2$$

という,　とても当てずっぽうとは思えない等式を知っていたのだ.　これは古代バビロニアの人々が,　驚くほど高い数学技術を持っていたことを示している.

　さて,　メソポタミア文明における割り算の立場であるが,　これは現代的な言い方では,　いわゆる小数展開の考え方に近い.　例えば $5 \div 2 = 2.5$ や $8 \div 5 = 1.6$ といった感じの計算が,　彼らにとっての割り算を意味した.　もっとも,　これらは分母が2とか5とかいうような,　キリのいい数なので,　得られる小数展開も有限桁で終わっているが,　そうでない場合は,　例えば $5 \div 3 = 1.6666\cdots$ のように無限小数になってしまう.

　無限小数について,　古代バビロニアの人々がどれほどの認識を持っていたのかについては,　残念ながらよくわからないが,　彼らが意識的にキリのいい数での割り算ばかりを扱っていたことは事実である.　ただし,　彼らの数字の体系は60進法であったため,　2,　5のみならず,　3や6などもキリのよい分母であった.　60という数は10に比べて格段に約数が多いため,　60進法では多くの

分母がキリのよいものになる．これが 60 進法の強みであり，実用上はこれで十分であったようである．

　バビロニアの記数法には，正確には 10 進法と 60 進法が混在している．各桁の数は 0 から 59 まで——ただし 0 にあたる記号はなかったので，0 は空白で表した——であり，それを並べて数を表すことは，我々が用いている数の書き方と同様である．その際，各桁の数は 10 進法を用いて書いていた（この章の扉頁の図を参照）．

　例えば，

$$\text{𒁹 𒌋𒌋𒐕 𒐏𒐋}$$

というのは，

$$1, \ 22, \ 47$$

つまり，

$$1 \times 60^2 + 22 \times 60 + 47 = 4967$$

という数を表した．

　小数についても基本的には同様である．ただし，小数点にあたる記号もなかったので，正しくは文脈で判断しなければならなかった．例えば，上に挙げた表記は，

$$1 \times 60 + 22 + \frac{47}{60} = \frac{4967}{60}$$

を表すこともあったわけだ．

　古代バビロニア人の割り算の捉え方を通して浮き彫りになることは，彼らが非常に優れた記数法を持っていたという事実だ．実際，彼らは自立した数としての 0 の概念は持っていなかったとはいえ，上に説明した記数法は

立派に「位取り記数法」である．つまり，桁の位置によって表す数が決まるというシステムであり，現在我々が用いている 10 進表記と本質的に同等である．

中国

続いて，中国の状況を概観しよう．中国においても本格的な数学の歴史は古く，既に紀元前 4 世紀頃には，ある程度体系的な数や図形についての知識があったものと推定される．紙が普及する以前のメディアは，主に竹片を糸で束ねた竹簡であり，これもまた多くのものが現存している．現在まで確認されている限りでの最古の文献は，1983 年湖北省江陵県から出土した『算数書』であり，これは紀元前 186 年のものである．

それらの中に見られる数の記述を見ると，中国人はおおむね，割り算をそのまま分数の形で取り扱っていたらしいことがわかる．だから，彼らは分数と分数の間の演算については，かなり早くから知っていたに違いないと思われる．

これらの計算は，現代の記号で書けば，例えば

$$\frac{a}{b} + \frac{c}{d} = \frac{ad+bc}{bd}, \ \frac{a}{b} \cdot \frac{c}{d} = \frac{ac}{bd}$$

というものだ．数字を漢字や算木（第 2 章の扉頁を参照）で，式は文章で書いていた時代においては，この程度の式でもかなり複雑なものと思われていただろう．初期の中国数学における最も重要な歴史的文献である『九

章算術』の巻第一『方田^{ほうでん}』には，例えば次のような問題が見える：

> いま三分の一と，五分の二がある．問う，これを加え合わすといくらか．
> 答，十五分の十一*3.

そのすぐ後の計算法の解説には，次のように書かれている：

> 分母を互いに分子に掛け，加え合わし「実」（被除数）とする．分母同士を掛け合わし「法」（除数）とする*4.

『九章算術』に代表される中国の古い算術書は，ここに挙げた例のように

$$\boxed{問題} \rightarrow \boxed{答え} \rightarrow \boxed{計算法}$$

という流れを基調にして書かれている．問題には具体的な数が与えられるのが常であるが，計算法として与えられるのは，具体的な数の取り方にはよらない，一般的な規則である．上でも，分数と分数のたし算を計算する上

＊3　『科学の名著2，中国天文学・数学集』藪内清・橋本敬造・川原秀城訳，朝日出版社（1980）所収の『劉徽註九章算術』85頁.
＊4　同 85－86頁.

での一般的な方法，つまり，先に現代的な記号で書いた公式が見事に述べられているのがわかるだろう．

　もっとも，今の場合これだけで中国の割り算が終わっていたと考えてはいけない．実際，我々もよく知っているように，分数の計算をした後には，それを約分するという作業が残されている．上に挙げた問題の直前，巻第一の第6問には，次のような記述がある：

　　　……また九十一分の四十九がある．問う，これを約すといくらか．
　　　答，十三分の七．

　そして非常に興味深いのは，その計算法として述べられている内容だ：

　　　分母分子をともに半分にできる場合は半分にする．できない場合は，別に分母分子の数を置き，小さい方を大きい方から引く．さらにこの過程を繰り返し，両者の等数を求める．この等数で分母分子を約す[5]．

　目ざとい読者は，ここに書かれている内容が何を表しているのかわかるかもしれない．タネ明かしは，今は保留にしておく．すぐ後にギリシャでの割り算の話をする

＊5　以上，『劉徽註九章算術』85頁．

が，答えはそこで述べることにしよう．

『九章算術』の成立年代については諸説あるようであるが，大体，前漢末期から後漢初期にかけてであろうと思われている[*6]．しかし，その内容は秦の始皇帝による焚書（紀元前3世紀末）で焼失をまぬがれた断片をもとにしている[*7]ので，内容としてはそれ以前の，殷周時代に既に得られていたものと考えられている．そこには非常に高度に洗練された数学技術の結晶を見ることができる．『九章算術』は内容においても，そのスタイルにおいても，少なくとも近代以前までの東アジアの数学に絶大な影響を与えた．

　古代文明の数学について造詣が深く，「共通起源の仮説」という独自の仮説を打ち出したファン・デル・ヴェルデンは，『九章算術』こそ，古代文明の数学を今日に伝えるテキストの中で，最も優れたものだと述べている[*8]．以後でも，その内容についてたびたび取り上げることになるであろう．

ギリシャ数学

　次にギリシャ数学における割り算のあり方を見てみた

＊6　李迪編『中国の数学通史』大竹茂雄・陸人瑞訳，森北出版（2002）50頁.
＊7　ファン・デル・ヴェルデン『古代文明の数学』加藤文元・鈴木亮太郎訳，日本評論社（2006）48頁.
＊8　同89 - 92頁.

い．実はこれが非常に興味深い．結論から言うと，古代
ギリシャにおける割り算へのアプローチは，いわゆるユー
クリッドの互除法（後述）というアルゴリズムを通し
て，比の理論という大変高度なもの——その学問的レベ
ルは19世紀以後の現代的なものにも匹敵する——へと
つながっていく．その道程においては，後述のピタゴラ
ス学派における「通約不可能性の発見」が重大な転機を
もたらすのであるが，ユークリッドの互除法はその直接
の動因ともなっているのである．古代ギリシャにおいて
は，割り算は真に深い数学が流れ出る源泉であったわけ
だ．

　古代ギリシャ人はおおむね，数学をエジプト人から学
んだと言われている．前述の通り，エジプトでは幾何学
的量を基本的な対象とした，言わば図形的な数学が発達
しており，その考え方は基本的にはそのままギリシャに
伝承された．このようなわけで，古代ギリシャにおいて
は，線分の長さとか図形の面積といった，連続的な
「量」が基本的な数概念と不可分の関係にあったわけで
ある．

　この状況では，数と数との間の四則演算は，定規とコ
ンパスを用いた幾何学的製図によりなされる．図形を描
くことは，彼らにとってはソロバンを操るようなものだ
ったわけだ．だから，彼らにとって計算が得意であると
いうのは，上手に作図ができるということに他ならない．
ここには「計算する」という数学の形式的側面と，図形

を「見る」という直観的側面の，言わば原始楽園的な融
合が見られる．

　しかし，このような状況では，やはり数の計算は大変
だったと思われる．中国だったら算木やソロバンを使っ
て「答え一発」であるが，ギリシャではそうはいかない．
だから，古代ギリシャ人達は一般的に言って，計算が苦
手だったのだろうと思われる．そしてこのことが，彼ら
の数学をして，計算術とは違う方面に向かわせる大きな
動因の一つであったろうと推定されるわけだ．

　それはそうとしても，このような作図による計算では，
特に割り算が面倒だったに違いない．二つの線分が与え
られて，一方の他方に対する比を計算せよ（つまり，作
図せよ）というのである．こんなややこしいことをしな
ければならなかったわけだから，彼らは一生懸命その方
法を考えただろう．そして，それが「ユークリッドの互
除法」という素晴らしい発明に結びついたのである．

　今，二つの数 a と b が与えられたとする．知りたい
のは，その比 $\frac{a}{b}$ である．これに対する古代ギリシャ人
のアプローチは，a と b に共通する「単位」を見付ける，
というものであった．そのような単位となる線分 d が
得られれば，a や b はその自然数倍になる．つまり，

$$a = m \times d,\ b = n \times d$$

となる自然数 m, n がとれる．このとき，$a/b = m/n$
となっているので，結局，問題は自然数と自然数の比で

表される分数の問題に帰着する．自然数と自然数の比については，当時のギリシャ人は簡単に定規とコンパスで作図できたから，ここまで来れば一件落着となる．

　要するに，古代ギリシャ人にとっては線分で表される一般的な量こそが，真に実体としての数であったわけであり，それら線分量の割り算をいかにして不連続量である自然数同士の割り算に帰着できるかが，本質的な割り算の仕事だったわけだ．言ってみれば，自然数同士の割り算は基本的には既知だという立場である．

　少々ズルいという感じもするが，ここで彼らの考察の背景にあるものは，むしろ割り算をいかに計算するかという問題よりも，もっと基本的な問題である．それは自然数や整数のような「不連続的な」数の概念と，線分や面積のような「連続的な」量の概念との葛藤——その非常にはっきりとした現出の一つを，例えばゼノンのパラドックスの中に見出すことができる——であり，現代にも通じる西洋数学の中心テーマの一つである．このことも，古代ギリシャ数学を他の文明から区別する大きな特徴と言えるだろう．

　不連続と連続という二つの量概念の融和を目指した最初の試みは，多分，後述のピタゴラス派による「万物は数である」という考え方だろうと思われる．しかし，彼ら自身が後に発見するように，実際にはどんな二つの線分に対しても共通の単位が見付かるとは限らない，つまり通約不可能である場合があるのである．いわゆる「通

約不可能性の発見」として有名な史実であるが，これについては後の章で詳しく述べる．

　この連続量と不連続量という二つの「量概念の統合」というテーマは，特に西洋数学の歴史物語における通奏低音だ．それはその後も陰に陽にヴィエト，ライプニッツ，リーマンといった人々へと受け継がれ，西洋数学の思想的深層に滔々（とうとう）と流れ続けることになる．20世紀における空間認識の変遷，例えば後述するゲルファント以降の空間認識のトレンドや，グロタンディークのトポスといった点論的でない空間の認識も，ある意味その延長線上にあるものとして位置付けられるだろう．

ユークリッドの互除法

　しかし，そのようなことを論じるのはまだ早い．もともとの問題に戻ろう．今問題なのは，a と b に共通する単位 d の見付け方である．ここで言う「単位」とは，他ならぬ a と b の公約数というものである．

　思い出しておこう．d が a，b の公約数であるとは，d が a の約数でもあり，同時に b の約数でもあること，つまり，d が a も b も割り切ることを意味する．そのような公約数の中で最大のものを最大公約数と言う．

　例えば 8 と 12 では，4 が最大公約数である．これはわかりやすいだろう．しかし，例えば 35 と 91 ではどうか．この場合は 7 が最大公約数なのであるが，これはちょっとすぐにはわかりにくい．

　二つの量の公約数の中でも，最大公約数を見付けることには特別の意義がある．というのも，それによって分数を既約分数に約分ができるからである．例えば，分数 $\frac{12}{8}$ は $\frac{3}{2}$ と等しいが，これは分子と分母を公約数 4 で割って得られる：

$$\frac{12}{8} = \frac{4 \cdot 3}{4 \cdot 2} = \frac{3}{2}$$

ここで 4 は最大公約数だから，得られた分数表示 $\frac{3}{2}$ は既約分数，つまり最も簡約された分数である．同様に $\frac{35}{91}$ は 35 と 91 の最大公約数 7 で約分すれば，既約分数 $\frac{5}{13}$ で表示される．ユークリッドの互除法は，例えば 35 と 91 という二つの数から，それらの最大公約数である 7 を求めるための，機械的で完全に例外なく一般的な規則を与える．それは次のようなものである：

- 二つのうちで大きい方を a とし，他方を b とせよ：今の例では $a = 91$，$b = 35$.
- a から b を引けるだけ引け：$91 - 35 = 56$（まだ引ける），$56 - 35 = 21$（もう引けない）.
- 残った数を r とせよ：$r = 21$.
- b を a，r を b に置き換えて，また最初に戻れ.

　こうして今度は $a = 35$，$b = 21$ として，上の手順をもう一度繰り返すのである．まず，35 から 21 を引く．この場合は $35 - 21 = 14$ となって，もうこれ以上引け

	1回目	2回目	3回目	4回目
a の値	91	35	21	14
b の値	35	21	14	7

表1　ユークリッドの互除法

ないから $r = 14$. そして今度は $a = 21$, $b = 14$ として，また最初に戻る. 21 から 14 を引く. 答えは 7 となり，もう引けないから $r = 7$. またもや今度は $a = 14$, $b = 7$ として最初に戻る. 14 から 7 を引けるだけ引く. 今度は二回引いてぴったり 0 になる（以上，表1を参照）.

・以上を繰り返して，残りの数がなくなるとき，つまり $r = 0$ となるときの b の値が，求める最大公約数である.

　要するに，表1の最後の b の値，つまり一番右下の数 7 が，見事に求める最大公約数となっているというわけである.

　以上のことは図形を使うとわかりやすい. 図1には底辺 91 で高さ 35 の長方形を，いくつかの正方形で分割したものを示した. 91 と 35 の最大公約数を求めるとは，この見方をすると，できるだけ大きな正方形のタイルで，この長方形を覆い尽くすということに翻訳できる. そして答えは，一辺が 7 の正方形のタイルを用いればよい，ということになるわけだ. 図1では，左下から右上に互

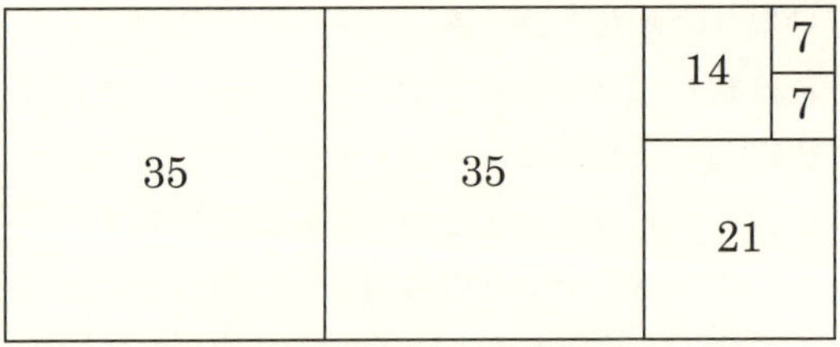

図1　ユークリッドの互除法

除法を展開している．各正方形の中の数は，その正方形の一辺の長さを表している．最終的に一辺 7 の正方形まできて，初めて長方形が覆い尽くせたのがわかるだろう．

　以上説明したユークリッドの互除法という手順を実行する過程で，次のような基本的なアルゴリズムを繰り返し用いていた：ある数 a からある数 b を繰り返し引いていけば，何回目か後，例えば q 回目にはもう引けなくなる，つまり余り r がでる．これは a を b で割った商が q で余りが r であるということ，つまり

$$a \div b = q \cdots \text{余り } r$$

ということに他ならない．我々が普通に小学校で習う意味での割り算が，実はギリシャ人達の割り算へのアプローチの中には隠されているのである．

　前にも何度か述べたように，古代ギリシャ人にとっての数とは線分であり，それらの計算とは定規とコンパスを用いた作図を意味していた．その事実から推し量れば，このような計算，つまり線分 a から線分 b を取り除け

21

るだけ取り除きなさい，そしてもう取り除けなくなったらそれは余りというものです，という計算の発想はとても直観的だし，非常に自然なものだったろうと思われる．

　ユークリッドの互除法という手法は，後述するユークリッドの『原論』第7巻の命題2の証明部分に述べられている手法である．しかし，そこで証明されていることの骨子は，このような手法を与えるということ自体とは，明らかに異なるので注意が必要だ（74頁に詳述する）．ヒース*9によれば，この手法を発明したのは，おそらく（後述の）ピタゴラス学派だっただろうとのことである．

　さて，先ほど中国での分数計算に関連して，分数の約分の方法を『九章算術』から引用した：

　　……分母分子の数を置き，小さい方を大きい方から引く．さらにこの過程を繰り返し，両者の等数を求める．この等数で分母分子を約す．

　これは何を隠そう，ユークリッドの互除法による最大公約数の求め方の一般的手順を，明快に述べたものに他ならない．これは古代中国の数学の，分数を扱う技術が大変高度であったことを示している．このような技術は，単に実用的計算の方便のようなものとは，明らかに異な

＊9　Heath, Thomas L.: *A manual of Greek mathematics,* Dover Publications, Inc., New York (1963), pp.110-111.

っている．それは真に体系的な精神を持った人々が，例
外なく常に正しい方法という，原理的なものを見出した
結果である．

数学の土壌

これら古代の数学について概観する上で，非常に重要
だと思われるのは，これらの数学的知見を得たり，使っ
たりしていた人々が，社会のどのような層のどのような
立場の人々だったのかという問題だ．これは，それら文
明の中での数学の基本的あり方を決定する重要問題であ
る．

エジプト文明とメソポタミア文明においては，上記の
ような数学的知識を蓄えて，後代のために書き残したの
は，主に神官や神殿の書記といった人々であったようだ．
この点については『シュルバスートラ』で宗教儀式のた
めに必要な数学的知識を後世に伝えているインダス文明
も同様であった．

サイデンベルグは『幾何学の宗教儀式的起源』[10]の中
で，インドのみならず，エジプトやバビロニアの幾何学
の背景にも，宗教儀式に関連した目的があったはずであ
ると述べている[11]．このような宗教的影響は，例えば
祭壇の問題というものに典型的に見られる．これは直方

---

*10 Seidenberg, A.: *The ritual origin of geometry*, Archive for
History of Exact Sciences, 1, No. 5 (1975), pp.488-527.
*11 同515頁.

体の祭壇を，形を変えずに体積を2倍せよという作図問題で，数学的には立方根を開く演算（開立（かいりゅう））を孕んでいる．また，ファン・デル・ヴェルデンは，今日ピタゴラスの定理と呼ばれている定理，いわゆる三平方の定理の本当の発見者は，ヒンドゥー教の僧侶だったのではないかと推定している[12]．事実，古代インドの文献『シュルバスートラ』は，三平方の定理を言葉で明確に述べたものとしては，現存するものとして最古の文献である．

　このような話は，非常にロマン趣味をかき立てる，興味の尽きない話題であるが，いずれにしても，古代数学の成長に栄養分を与え続けた中に，宗教が果たした役割は非常に大きなものがあったと見て間違いないだろう．

　古代における数学の芽吹きの，もう一つの文化的契機は，天文学や暦学（れきがく）——これらはもちろん宗教儀式と密接に関連することが多い——といった実用上の要請である．その片鱗（へんりん）は，程度の差こそあれ，どの古代文明においても見出せるが，これが顕著なのは中国であろう．遅くとも秦王朝による中央集権的な国家が成立した頃には，中国における数学知識の担い手は，王朝に仕えた暦学を担当する職業計算家であった．実際，昔の中国では職業数学者といえばもっぱら暦算家（れきざんか）のことであり，彼らに要求されたのも実用のための計算術やアルゴリズムの開発や，その精度を高めることだったのである．このため中国で

は，古代以後もほぼ一貫して，主に実用的数学の伝統が
受け継がれることになる．

　もちろん，応用から離れた数学の発達が全くなかった
わけではない．例えば劉徽（りゅうき）（3世紀頃），賈憲（かけん）（11世紀
頃），楊輝（ようき）（13世紀頃），朱世傑（しゅせいけつ）（13〜14世紀頃）といっ
た，中国の数学の歴史を代表する重要人物はアマチュア
数学者であり，このようなアマチュア数学者が純粋数学
の発展に与えた寄与はとても大きい．

開平の計算

　以上，古代文明の数学について，四則演算，特に割り
算を軸にざっと概観した．最後に四則演算よりもう少し
難しい計算，例えば平方根や立方根を開くといったもの
について，少しだけ触れよう．

　古代文明においても，このような非常に高度な技術が
既に得られていた．例えば『九章算術』の方法で平方根
の近似値を求める方法を紹介しよう．

　例えば 10 の平方根を考える．

- 最初に近似値 a として 3 をとる：$a = 3$
- a の 2 乗を 10 から引く：$10 - 3^2 = 1$
- その結果を $2a$ で割り，b と置く：$b = 1 / 2 \cdot 3$
  $= 1 / 6$
- 同じ数を今度は $2a + b$ で割り，c と置く：
  $c = 1 / (6 + 1 / 6) = 6 / 37$

　こうして得られた c を使って，$a + c = 3 + 6 / 37$ を考えると，これは最初に始めた 3 よりも，10 の平方根のよい近似となっているというのである．実際，

$$3 + 6 / 37 = 3.162162162\cdots$$

であり，これは 10 の平方根として非常によい近似になっている．もっとよい近似を得たかったら，これを改めて a として，もう一度上の操作を繰り返せばよい．何度も繰り返すことで，いくらでもよい近似を得ることができるわけだ．ここでの平方根の近似の仕方は，現代的な式で書くと

$$\sqrt{a^2 + d} \approx a + \frac{d}{2a}$$

という近似式に基づいたものである．いかに中国の数学が天文や暦学，測量といった実用に供する目的のものであったとはいえ，このような方法を見付けることができたのは，非常に優れた数学者でなければならなかったはずである．

第 2 章

数学の始まり

	1	2	3	4	5	6	7	8	9
縦	│	‖	‖‖	‖‖‖	‖‖‖‖	⊤	⊤	⊤	⊤
横	─	═	≡	≡	≡	⊥	⊥	⊥	⊥

算木──古代中国から使われてきた，計算のための道具.
一の位，百の位，万の位は縦に，十の位，千の位は横と
いうように，交互に縦横に算木を置くことで数を表した.
「0」は空白で表していたことを除けば，立派に 10 進
位取り表記である. また，色分けをしたり，一の位に斜
めに一本算木を置くなどによって，負の数をも表してい
た.

数学するとは何か

　前章では「割り算」こそが学問としての数学の芽であるという考え方について述べ，それが足がかりとなって，次第に高度な数学へと発展していく姿を垣間見た．それでは，そもそも「学問としての数学」とか「高度な数学」とは一体何を意味するのであろうか．数学の芽から一歩進んで本格的な数学史の内容について述べる前に，この問題についてある程度の立場表明をしておきたい．そうすることによって，文化史・人類史的視点からの数学史という本書の狙いも，より明確になるだろうからである．

　ルチオ・ルッソによる『忘れられた革命』という印象的な本[*1]では，今日我々が「科学（science）」と呼んでいるものが，既に古代ヘレニズム世界において驚くほど高度に発達していたこと，そしてそれが中世にはほぼ完全に忘却され，近代になって再発見されなければならなかったという歴史の推移が明らかにされている．この，西洋科学史における通説を根本的に刷新する著作において，ルッソが最初に取り組まなければならなかったのは，そもそも科学とは何か，という基本的な問いであった．

　その考察の中で彼は，およそ科学的な理論とは，次に

---

*1　Russo, Lucio: *The forgotten revolution,* Springer-Verlag, Berlin, Heidelberg, New York (2004).

挙げる三つの項目によって特徴付けられるべきだとしている*2.

- 陳述が具体的対象についてでなく，特定の理論的実体（theoretical entity）についてのものであること.
- 理論が厳密な演繹的構造を持つこと.
- 実世界への応用が，理論的実体と具体的対象との間の対応規則を基礎としていること.

　以下，この三つの事項について検討しながら，これらを敷衍していくことで，数学するとは何かという我々の問いについても考えてみよう.

数学の精神性

　項目の一番目——陳述が具体的対象についてでなく，特定の理論的実体についてのものであること——は対象についての規定であり，それを通して，科学するという行為が，抽象化・概念化といった知性的プロセスを必要とする活動であることを明確に述べたものである.
　自然科学の対象は物や自然自体ではなく，そこからいったん離れた視点から切り出された理論的「実体」である．例えば，力や電磁波といった対象は，自然科学にお

＊＊2　同17頁.

ける極めて基本的な理論的実体であるが，それらは具体的な有形の外的対象ではない．これが力というものですよ，などと手のひらにのせて見せることはできない．電磁波についても同様である．それらは自然科学における確固とした「実体」として認知されているものであるが，見て触って聞いて感じられる類いのものとは全く異なっている．それらは抽象概念としての実体なのであり，そのようなものを自然から切り出してくるということ自体が，既にある程度高い水準の叡知的活動であるわけだ．

　これを数学における対象の規定に敷衍することは容易であろう．数学が扱うのは，数や図形に代表されるような，言わば「数学的実体」であり，それは自然や，あるいはさらに高い次元の抽象から切り出されてきた概念的対象であり，精神の目が見ることのできる叡知的実体である．そして自然科学の場合と同様に，これらの対象の切り出しが，数学理論各々の背景にある精神活動のレベルや種類を規定するのである．

数学の正しさ

　残りの二つの項目——理論が厳密な演繹的構造を持つこと，および，実世界への応用が，理論的実体と具体的対象との間の対応規則を基礎としていること——は，言わば科学の身体性とでも言える事柄に関するものである．これらは，抽象的対象の実在感に関係している．そして抽象的な理論のまとまりが，いかにして整合的な世界と

しての意味を獲得するかに関わるものである.

　二つのうちの前者（演繹的構造）については，特に説明を要しないであろう．自然科学における議論の多くが演繹的な，つまり論理的なものであるというのは納得しやすい．しかし，他方，後者に見られる「対応規則」については，多少説明を要するだろう．理論的実体は，それが自然から切り出されたものである場合には，何らかの自然物や自然現象に対応している．したがって我々は，理論により得られた結果を，実験や観察によって自然現象の中に確認することができる．こうして理論と自然の間には，理論の整合性を保証するという方向と，理論が自然現象を予知するという方向の，互いに相補的な二つの方向で対応関係が生じる．この対応にしたがうことを規定するのが，三つ目の項目というわけだ.

　これら二つの特質を，そのまま数学行為の定義に適用することはできなさそうである．どちらについても，このままでは問題がある.

　まず，最初の「演繹的構造」についてであるが，議論が演繹的であるということは数学の特性であるとは言えない．そもそもそれは自然科学の特性であるとも言えないのだ．数学と言えば，すべてを論理的な手続きで物事を処理する学問であると思われているだろうから，これは意外に聞こえるかもしれない．しかし，数学を大局的な歴史的視点で見てみると，数学が演繹的構造により組み立てられるという潮流は，単に一つの限定された地域

的潮流でしかない．それはギリシャ数学から始まって西洋的数学へと続く流れであり，例えば中国や日本における伝統的な数学のスタイルにおいては，演繹的構造をその特質とすることはできない．

　今でこそ世界の数学の中で，ギリシャ以来の西洋的数学の考え方が，世界の数学のかなりの部分を席巻している——その理由について考察するのも本書の目的の一つである——のは確かであるが，数学の歴史数千年というスパンの中では，それは非常に多く見積もっても最近の2世紀程度のことでしかない．

　演繹的構造という言葉で典型的なのは，後述するユークリッドの『原論』における議論の形態であろう．それが西洋数学の基本思想を大きく特徴付けたのは否定できないが，例えば第5章で述べるように，西洋数学の真骨頂であるとされている微積分においてすら，その発見時における大部分の歴史には，演繹的体系を見出すことは難しいのである．

　確かにそれは，自然科学が演繹的である，というレベルでは十分演繹的かもしれない．しかし，ユークリッド『原論』に見られるような演繹的構造は，もっと精緻なものである．そしてそれは数学の議論の，本来必然的でも普遍的でもない，一つの方法にしかすぎない．

　中学や高校で学習する数学の方法を，疑いなく吸収してきた我々としては，演繹的論証が数学の方法論として，必然的でも普遍的でもないということには，なかなか気

付きにくい．しかし例えば有名なルイス・キャロルによるアキレスとカメのパラドックス[3]は，我々のこういった盲点を浮き彫りにしてくれる．実際，仮言的三段論法，

「A ならば B でありかつ B ならば C であるとき，
A ならば C である」

のような論理の図式を，まさに「適用する」という行為の中には，まぎれもなく直観的で感性的な要素が多分に含まれている．そして，そのようなことは，普段なかなか意識しないものだ．

しかし，さらに問題なのは二つの項目の後者の方——理論的実体と具体的対象との間の対応規則——である．というのも，数学が扱う対象は，自然科学が扱うものよりもさらに抽象的であり，そのため外界的自然に照らし合わせてその整合性を計る，といったことが大抵の場合できないからだ．むしろ，数学においては数学自身の中での「内的な整合性」あるいは「調和」の方が重大である[4]．したがって，これを「対応」ということの類似で捉えるならば，自分自身の内部での対応ということにな

＊3　Carroll, L.: *What The Tortoise Said To Achilles*, Mind, No. 4 (1895), pp.278-280. ダグラス・R・ホフスタッター『ゲーデル，エッシャー，バッハあるいは不思議の環』野崎昭弘・はやしはじめ・柳瀬尚紀訳，白揚社（1985）にも記述あり．
＊4　拙著『数学する精神——正しさの創造，美しさの発見』中公新書（2007）第2章52頁参照．

るわけで，言わば「共鳴」とでも表現できるものだと言えるだろう．

正しさの認識

というわけであるから，科学の特質として挙げた最後の二つ，演繹的構造と対応規則については，もう少し深く考えてみなければならない．

これら二つの項目のうち，前者（演繹的構造）は理論のテクスチャー，つまり議論一筋一筋の組成を規定しており，後者（対応規則）は理論の大局的な整合性を規定していると言えるだろう．大雑把に言えば，どちらも人間がその理論を「正しい」と認識するための基盤についての規定である．

数学における正しさの認識には，悟性的な側面があるのは当然であるが，同時に感性的な側面も重要である．数学における理解とは，健康的な心による受け入れという，優れて感覚的な側面を持つからである．そこでは知性的な精神活動であるという側面と，感性による受け入れという側面が，調和を保ちながら一つの理解形態をなす．このことを押さえておかないと，例えば古代数学の本当の価値を見誤る可能性がある．

そもそも，数学するという行為においては，直観の重要性はいくら強調しても強調しすぎることはない．数学の進化とは，正しさの直観能力の進化である．それは人間の悟性が，より抽象的な世界の中に新たな正しさを見

出すことである. そして数学における抽象化とは, 対象やパターンに対する意図的な健忘を通して, 人間の感性を洗練することに他ならない.

数学における正しさの認識にも, ルッソが自然科学に対して与えたような二つの段階, つまり理論のテクスチャーに関する段階と, 理論全体の整合性に関する段階がある. 以下この本では, 前者をミクロレベル, あるいは局所的な認識, 後者をマクロレベル, あるいは大域的な認識と呼んで区別することにしよう.

これら正しさの認識の二つのレベルについて, もう少しわかりやすく説明しようと思う. わかりやすさのため, ここでは芸術鑑賞による比喩で説明しよう.

例えば, 絵画を鑑賞するとき, 我々は画面のある一点に近付いて, 局所的な部分の構造を注意深く見たり, あるいは画面から十分距離をおいて, 画面全体から得られる大局的な印象を感じ取ってみたりするであろう. 言わば, 画面の部分部分のあり方について感じられる印象もあれば, 画面全体から感じ取れる何かもあるということだ. 数学においても, 似たようなことが言える.

数学的正しさのミクロレベルでの認識は, 非常に大雑把に言えば論理やアルゴリズムに関するものであり, 数学の「議論の流れ」の一筋一筋を担うものである. 数学の議論や証明の部分部分は, 例えば先にも挙げた (33頁)「仮言的三段論法」のような論理図式や, 式の計算, あるいは図形の各部分の観察や記述といった事柄から構

成されるわけであるが，ミクロな認識とは，言わば，このような当たり前，そして大抵の場合は幾分事務的にこなされる作業の結果を，まさに当たり前と感じることに他ならない.

　これは言わば（議論の）流れの一筋一筋や，それらのつながりについての「局所的な」認識である．前著『数学する精神』の第1部の終わりでは，これを音楽における流れに喩えた．一つ一つのフレーズや，フレーズ間のつながりが自然なものと感じられたり，そう感じられなかったりといったことと，ここで言う局所的な認識は同等のものである．そして，この喩えからもわかるように，この認識にも多分に感性的な，あるいは反射神経的な要素がある.

　一般的に言って，数学するという行為において必要となる感性も，多分，芸術的な感性や，その他の知的な感性とほとんど同格のものと言ってよいだろう．それは視覚や触覚などと緊密に関連し合っているが，もちろんそれらそのものではない．心理学者や美学者だったら共通感覚（センスス・コムニス）とでも呼ぶものの一つとも言えるだろう.

　だから，絵画や音楽と同様に，数学においても画面全体から感じ取られる印象，つまりマクロレベルでの認識は極めて重要なものだ．そして，それは往々にして，論理（＝局所的構造）を超えたところにある認識である．この全く理屈ではない「正しさ」は，例えば三段論法の

一筋一筋を注意深く観察して，それをコツコツ積み重ねればわかるといった安直なものではない．それは，絵画や彫刻の鑑賞において，部分部分をどんなに注意深く見ていっても，全体像の認識にはつながらないことと同様である．ミクロレベルの認識は議論の局所的構造についてのものであったが，マクロレベルの認識は大域的構造，つまり「整合性」とか「調和」に関わるものである．

　第7章では非ユークリッド幾何の発見という，西洋数学の歴史上極めて重要なターニングポイントについて述べることになるが，この事件においては，特にこの大域的な正しさの認識が極めて重要な役割を担っている．というより，この場合の「発見」とは，実際，論理ではない理屈を超えた整合性の認識がなければ，全く説明がつかないようなものなのだ．

知的な精神活動としての数学

以上をまとめると，

- 人間精神が抽象し切り出してきた知的対象を実体化して扱うこと．
- 対象の認識に関する以下の2点について一般的なコンセンサスがあること．
　　——ミクロ的側面：対象を取り扱う際の局所的な流れの基調．
　　——マクロ的側面：体系全体の整合性や大局的価値を判断する基準．

が，知的な精神活動としての数学という行為が備えるべき特質ということになるだろうと思われる．

　数や図形といった数学の基本的な対象は，外的自然から抽象化されて切り取られたものである．その意味で，前章に述べたような古代文明の数学は，既に高い精神性を持っていたわけだ．しかし，これがすっかり成熟した数学理論となるためには，さらにその体系のミクロ・マクロ的側面についての，一般的なコンセンサスが必要となる．これについては，一口に数学と言う中でも，さらに細かく検討しなければならない．大雑把に言えば，ミクロ的側面は「正しさを認識する（させる）ための方法」であり，マクロ的側面は論証の方法とは関係のない，大局的な意味での整合性，あるいは存在感とでも呼べる部分に関わっている．これらについては，同じ「数学」という言葉のもとにひとくくりにされる中にも，様々なアプローチがあるので，一概には規定できそうにない．実際，古代においても文明の諸地域において独特のものがあり，それぞれがそれぞれの数学らしさを体現する要素となっているからである．

　ところで，上に規定された人間の知的精神活動の例として，数学や自然科学以外のものをも考えることは興味ある問題だろう．例えば，漢字の体系を挙げることができる．我々は白川静氏の著作の数々から，漢字というものが古代中国人の呪術的精神世界から切り出された高度に抽象的な概念的象徴であること，そしてそれらは存在

の自己表現の形式そのものとしての実体性を持つことを
学ぶことができる．のみならず，会意や仮借といった，
いわゆる六書による演繹で自己生成し，その体系が広が
っていくこと，そしてそれが実在の概念化と客観化とい
う対応規則を通して，現実の世界と不可分の関係にある
ことを実感することができる．

　　漢字はその歴史を通じて，単なる文字記号としての
　　み機能するというものではなかった．それは文字記
　　号であるとともに，また美の様式の実現の場であり，
　　それを通じての美の思想の表現でさえあることがで
　　きた[5]．

　これは漢字の体系が，古代中国における美の自然科学
であったことを雄弁に物語っている．
　他には何があるだろうか．実際，いくらでも例を挙げ
ることができそうである．バッハの音楽などは，その高
い精神性のみならず，細部の緻密さや，それらが組み上
がって一つの建造物としての存在感を鑑賞する者に強
く印象付ける．いや，バッハに限らず，音楽一般にこの
ような特質を認めることだって可能だろう．
　というわけであるから，上に述べた二つの規定は，非
常に広い範囲の知的精神活動に適用されるものだと言え

＊5　白川静『漢字百話』中公新書（1978）159−160頁．

るだろう．ルッソが与えたのは科学の定義であったが，それは正確には西洋科学の定義である．だから，彼はその定義を前述のように十分限定的に与えることができた．他方，我々が考えているのは，言わば数学の定義である．これを考えるためには西洋数学だけでは明らかに不十分であり，広く人間の数学を考えなければならない．ところが，その人間の数学も，時代や地域が変わると大きく異なってくる．

　したがって，時代や地域間格差によらない普遍的な意味での数学というものを，完全に特徴付けることはできない．むしろ，それぞれに「らしさ」のある数学から始める方が，文化としての数学の歴史としてふさわしいだろう．だから，今のところは上に述べたような，多少漠然としたもので満足しておこう．そして，以下に数学の歴史を概観する中で，数学のより普遍的な「数学らしさ」に次第に迫っていくことにしよう．

数学行為の始まり

　以上を踏まえて考えると，人類の歴史における数学行為の始まりについて，おおよそ次のようなことが言えるだろう．

　前述したことではあるが，抽象的な数の概念や図形の概念を持つことは，それ自体極めて高い抽象能力の所産であり，それをして人間が数学という学問を始めた歴史上の起点と判断されるのも当然のことである．しかし，

それだけからマクロ的認識や整合性の希求といった，体系的な精神活動を見てとるのは，まだちょっと無理がある．むしろ，このようなより高い精神性は，例えば「円の直径は円の面積を2等分する」といった，言わば原理の感得の中に，その萌芽を見出せるだろう*6．この命題は，後述するタレスによるものであるから，ギリシャにおいては少なくともタレス以前には数学行為が始まっていたと結論できる．

　もちろん，それよりずっと以前に数学行為は始まっていたことも十分考えられる．有名なピタゴラスの定理（三平方の定理）は，メソポタミア文明や黄河文明のかなり初期の段階で，体系的な精神によって感得されていたという意見もあるくらいである．しかし，いずれにしても正確なことはわからない．

　それはともあれ，少なくとも古代ギリシャにおいては，タレスをもって本格的に体系的な数学の始まりとする人が多いようである．それは「円の直径は円の面積を2等分する」のような，はっきりした命題をタレスが残しているからだ．このような命題は，実際，単に数や図形の概念を持つこととは本質的に違う精神活動の所産である．「円の直径は円の面積を2等分する」というのは，言わ

───

＊6　したがって，ここで言う「数学」とは，伊東俊太郎氏による「世界の科学史」の三つの段階，すなわち「始源科学」「古典科学」「近代科学」という分類では，2番目の「古典科学」に属するものである．伊東俊太郎『比較文明』東京大学出版会（1985）91頁参照.

れれば全く当たり前のことだ．しかし，それを円の基本
的性質として発見し，切り出してくるというまさにその
ことに，この命題の意義がある．そこには，数や図形が
一つの体系的まとまりとして，内的な整合性を持って存
在している様子に注目しようとする，人間の精神活動が
根底にあるのだ．それだけではない．人間精神が円や直
線という抽象概念と対峙する上での基本的な着眼点が，
ここには宣言されているのである．

　同等のレベルのものが，中国の古代文明にも見出せる
だろうか．李迪編著『中国の数学通史』によれば，紀元
前 4 世紀頃の墨家学派が直線や円についての命題を残し
ているようである*7．墨家によるこれらの命題の意義も，
タレスの場合と同様に，それが中国の古代数学の始まり
における概念の切り出しと，それへの付き合い方を，ミ
クロにもマクロにも規定する着眼点を宣言したものであ
る，ということに認められるべきであろう．

西洋と東洋

　さて，次章以下では主に「西洋数学」と「東洋数学」
という二つの流れについて述べることになる．数学の歴
史観として，このような二分法はもちろん的確なもので
はない．数学の歴史自体が西洋的なものと東洋的なもの

＊7　李迪編『中国の数学通史』大竹茂雄・陸人瑞訳，森北出版（2002）
28 頁.

に二分されるわけでは全然ないし，「西洋的」とか「東洋的」などというナイーブすぎる用語にも問題がある．そもそも数学の芽は，古代文明のそれぞれに，それぞれの形で見られるのである．それらが独自の発展をし，互いに複雑に絡み合いながら，現代の数学の諸形態につながっているわけだ．

　だから，このような二分法は，むしろ本書のように限られたスペースの中でそれなりに大まかな歴史の流れを，それなりに整合的に語る上での方便であると考えた方がよいだろう．

　この本で言う西洋数学とは，ギリシャ数学から中世アラビア世界を経由して，「12世紀ルネッサンス」期に再び西側世界に再輸入され，科学革命や産業革命といった時代の流れの中で発展していった数学である．他方の東洋数学は，大まかに言って，古代中国に始まり中国本国の数学の発展や，日本の和算へとつながる歴史の潮流に属するものである．

　この二つの潮流がどのように影響し合い，どのように発展していくのか，といった点が，我々にとって非常に興味のある点である．これらを含む多くの数学潮流は，現代といえども，完全に一つの数学に収束しきったとは決して言えない．それを重々承知の上で少々乱暴な言い方をすれば，この本が語ろうとしている物語は，これら二つの大きな潮流が，一つの「人間の数学」に統合されていくものであると言えるだろう．

第3章

西洋数学らしさ

『ミロのヴィーナス』——エーゲ海に浮かぶミロス島で，1820年に発見された，古代ギリシャ彫刻最高の傑作．その制作年代は，紀元前2世紀頃と言われている．（パリ，ルーヴル美術館）

ギリシャらしさ

パリのルーヴル美術館でギリシャ彫刻の傑作『ミロの
ヴィーナス』を見たことがある人は，その神秘的な存在
感が強く印象に残っていることと思う．

『ミロのヴィーナス』を含めた，これらギリシャ彫刻の
素晴らしさは，特に彫刻全体を見たときに感じられるプ
ロポーションの良さであり，動きであり，それら静的な
側面と動的な側面が織りなす絶妙の力学にある，とはよ
く言われることと思う．このことは，ギリシャ彫刻に反
映される当時のギリシャ人の美意識が，主に像全体から
感じられるマクロ的なものであることを示している．こ
のようにギリシャ彫刻の美は，彫像全体から感じ取られ
る大局的なものとして特徴付けられるわけであるが，こ
れは反面，それらの彫刻の持つミクロ的構造が，驚くほ
どシンプルなものである，ということをも暗示していよ
う．

実際，例えばこれらの彫刻の胴体や，キトン（古代ギ
リシャの一枚布でできた衣服）のしわの一つでもよい，ど
こでもよいから任意の一点を指定して，その周囲数セン
チのところだけを注意深く見てみたとする．容易に想像
できると思うが，そこに見出せるのは，単にスベスベに
磨かれた大理石が，ところによってはなだらかに，ある
いは少し波打ちながらあるにすぎない．そのスベスベに
磨かれた様子がギリシャ彫刻の美の神髄だ，と言う人は

多分いないだろう．言うなれば，ギリシャ彫刻の美しさ
の要素は，そのような局所的な，つまりミクロレベルに
おいてはほとんど見出せないのである．

　しかし，世界各地の彫刻の中には，部分部分が細やか
で精緻な文様によって鮮やかに仕上げられていることが，
その素晴らしさの源泉であるようなものもある．だから，
ミクロ的にはスベスベであるにすぎないというのは，彫
刻という芸術に普遍的なものではなく，ギリシャ彫刻の
特徴の一つと考えるべきだろう．

　ギリシャ彫刻の美の源泉は，あくまでもそのマクロ的
側面にある．局所的な部分部分は，この像全体やそれを
とりまく空間の力学を構成する上での一つ一つの，それ
そのものとしてはほとんど自明であるような流れでしか
ない．その流れがスベスベであることは，つまり，最も
シンプルで自然な流れであるということである．

　そして，そのマクロ的美は，プロポーションや動きに
関連した，言わば「空間の使い方」とでも言える側面に
現れている．ミロのヴィーナスのようなギリシャ彫刻は，
縦横奥行きのどの方向にもまんべんなく均等に空間を使
っている．それが像全体から感じられるプロポーション
の良さであり，積極的な動きをどの方向にも発散するこ
とで，よりダイナミックな空間の切り出し方が見られる
わけだ．

　総じて言えば，ギリシャ彫刻から読み取れる美意識は，
一にも二にも，美が全体的まとまりの中に初めて立ち現

れる均整や整合性といった，大域的なものから発現され
るということになる．しかも，その全体は部分の総和と
しては決して得られない種類のものなのだ．

　以上は，ミロのヴィーナスという彫刻から感じられる
筆者個人のミクロ・マクロ的印象である．その背景にあ
るのは，ギリシャ人の空間認識，あるいは空間の切り出
し方の特徴であろう．彼らは空間に「均等性」とか「バ
ランス」の概念を見出しているのであるが，これは彼ら
がほぼ徹底して空間を客体化しようとする傾向の現れで
あるように思われる．

　以上のようなことは，もちろん数学の歴史とは関係の
ないことであるが，しかし，このような古代ギリシャ世
界——より正確には紀元前7世紀くらいからヘレニズム
期を経て，西ローマ帝国の終焉あたりまでをも含む地
中海世界——の人々の美意識のあり方が，彼らの数学の
アプローチに全く反映されなかったとは考えにくいので
ある．

タレス

　前章にも述べたように，「円の直径は円の面積を2等
分する」と言ったと伝えられているタレスにおいて，既
にギリシャ文化圏における数学する精神は成熟していた
と考えてよい．

　ミレトスのタレス（Thales of Miletus, 前640/624頃—
前546頃）は，いろいろと噂の多い人物だ．星ばかり見

ていて足下の井戸に気付かず，そのまま落っこちて召使いに笑われた話はとても有名である．これはなかなかオッチョコチョイな人間なのかと思いきや，オリーブの買い占めで一財産築いたそうであるから，それなりにはしたたかな俗人だったらしい．

　タレスは「汝を知れ」という金言を残したことでも有名である．最も有徳な人生とは何ぞ，と問われて「非難されるべき行いを慎むこと」と答えた．このような「タレス語録」は，他にもいろいろある．今まで見てきた中で一番奇妙だったものは何かという問いには「年老いた暴君」．自分の天文学の発見の見返りについてどう思うかと問われれば「誰も私の発見を自分のものだと主張せず，私のものだと言うことが，私にとって十分な報酬である」と述べたという．

　タレスは，三角形の相似を用いることで，棒の影の長さからピラミッドの高さを求めたと言われている．だとすると，幾何学を外界的自然との対応規則を通して，真に自然科学的に運用していたことになる．

　他にも，次の幾何学的事実が，タレスのものとされている（括弧内は後年のユークリッド『原論』における収録番号）：

- 二等辺三角形の等しい2辺の対角は等しい（第1巻命題5）．
- 交わる2直線が交点において成す対頂角は等しい

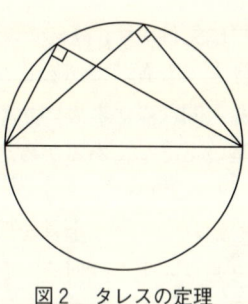

図 2　タレスの定理

（第 1 巻命題 15）.

- 二つの三角形について，その一辺とそれをはさむ
  2 角が等しいなら合同である（第 1 巻命題 26）.
- 直径に対する円周角は直角である（図 2）（第 3 巻
  命題 31）.

　ボイヤー（Carl Benjamin Boyer, 1906–76）によると，
タレスはこれらの定理を，ある程度論理的な手続きで得
ていた可能性もあるらしい[*1].

　タレスや後述のピタゴラスは，数学をエジプトで（ピ
タゴラスについてはバビロニアでも）学んだと考えられて
いる．確かに，第 1 章でも概観したように，当時のエジ
プトやバビロニアにおける数学の水準は極めて高く，全
く目を瞠るものがある．例えば，これらの古代文明にお

---

*1　Boyer, C.: *A history of mathematics,* 2nd edition, Wiley, New
York (1989), pp.53–55.

ける数学の問題群*2を見ると，当時の数学技術の高さが
よくわかる．

しかし，そういった豊穣な技術を，前章に述べたよう
な深い整合性や，調和した世界がその背景に感じられる
ようなものにまで高めたのは，タレスやピタゴラスであ
る．

ピタゴラス

タレスの「円の直径は円の面積を2等分する」という
言明にも匹敵するような，ほとんど自明でかつ見事な金
言としては，他にも「数は偶数と奇数の2通りに分割さ
れる」というのがあるだろう．これは，数を自然学の基
本に据えたピタゴラス（Pythagoras，前582頃–前497/
496）とピタゴラス学派にとっての出発点の一つであっ
た．そして彼らこそ，ギリシャ数学や，ひいては西洋的
数学の最も顕著な特徴である，論理による演繹という手
法を数学に導入し完成させた人々である．ピタゴラスに
おいて，幾何学は応用のためではない，真に自立した学
問となったと言えるだろう．

タレスが前述のように，オリーブの買い占めで金儲け
をした，などと伝えられる程度には俗物であったであろ
うと思われるのに対して，ピタゴラスの人となりについ
ては，ほとんど何もわかっていない．何しろ伝わってい

---

*2　例えばファン・デル・ヴェルデン『古代文明の数学』215頁以降．

る資料が少なすぎるのだ．しかし，ギリシャのサモス生まれの彼が，エジプト，バビロニアを旅した後に南イタリアのクロトンに落ち着いて，そこで神秘主義的哲学的音楽的宇宙論的数学的秘密結社とでも呼べそうなものをこしらえたことは史実として確実である．そして様々な資料や伝説が，宗教的神秘色の強いピタゴラスの人となりを印象付けている．この，後年ピタゴラス学派と呼ばれる秘密結社は，今で言うところの新興宗教のようなものだったのだろう．そして，ピタゴラスはその教祖様ということになるわけだ．

　クロトンというのは，イタリア半島をよくやるようにブーツに喩えれば，ちょうど土踏まずとつま先の中間くらいのところで，言わば半島の南東の先端とでも呼べる場所にある．今なお千年一日のごとく時間が流れているような場所である．そのような，時代に取り残されてしまっているような呑気な場所が，ピタゴラス学派が活躍した頃は，まさに世界のインテリジェンシーの先端を行っていたわけだ．

　もっとも，彼らは厳格な秘密主義を守っていたので，彼らの業績が公表されることはなかった．彼らの業績のいくつかが現在の我々に伝えられているのは，その数々の伝承を後の人，例えばアリストテレスなどが書き残してくれたおかげである．

　数を自然学の基本に据えたことは，ピタゴラス学派のモットーである「万物は数である」という言葉に集約さ

れている．元来数は，重さや個数といった，具体的な事
物事象に取り憑いた概念であると同時に，それら事物事
象を超えた抽象的概念でもある．このような，言わば神
秘的な二律背反が，数というもののそもそもの本性には
あるわけだ．ピタゴラス学派のモットーは，言わばこの
神秘的側面を極限まで徹底したものだと言えるだろう．
つまり彼らは，自然の中の数という側面を神秘化して，
自然そのものが数であると言うのである．

　ただ，そこから自然や人間を説明する基本的態度には，
多少オカルト的なものがあったことは否めない．だから，
彼らの言う「万物は数である」ということの具体的な意
味を，合理的に理解しようとしても，あまり大した成果
を上げることはできないだろう．

　そのような思想的な意義はともかくとしても，こと数
学的な意義に関して言えば，彼らの「万物は数である」
は算術による数学量，つまり連続量と不連続量の融合を
目指したセントラルドグマの宣言であると見なすことが
できる．このような風潮は，すぐ後に述べる「通約不可
能性の発見」によって，いったんは頓挫するのであるが，
これに類似した意味での数学の統合へのプログラムは，
近現代の西洋数学にも一貫して流れる，特徴的な思想的
傾向である．そのいくつかの試みを，以下でもこの本で
は述べることになる．

　「三角形の内角の和は2直角（＝ 180 度）である」とい
う定理は，ピタゴラス学派によるものだとされている．

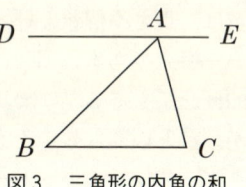

図3　三角形の内角の和

彼らによるものとされている証明は，ユークリッド『原論』の第1巻命題32に収録されているものとは若干異なる．

　図3のように，三角形 ABC の頂点 A を通り，BC に平行な直線 DE を引く．角 DAB は角 ABC に，角 EAC は角 ACB にそれぞれ等しいから，後は図を見れば証明終わり．つまり，この場合の「証明」とは，補助線一本．後は「見よ！」というわけである．鮮やかである．

　もっとも，ピタゴラスという名前から最初に想像されるのは，多分「ピタゴラスの定理」（ユークリッド『原論』第1巻命題47）であろう．これは「三平方の定理」とも呼ばれるもので，直角三角形の直角をはさむ2辺の2乗の和は，斜辺の2乗に等しいというものだ（図4）．

　ピタゴラスがこの定理の発見者ではないことは確実である．ただ，ピタゴラス学派が，この定理に関連して，

$$a^2 + b^2 = c^2$$

を満たすような整数の組 $(a,\ b,\ c)$，いわゆる「ピタゴラスの三つ組」について価値のある仕事をしていたことは，問題なく正しいだろう*3．

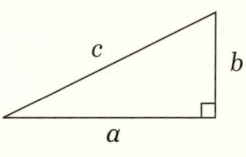

$$a^2+b^2=c^2$$
図4　三平方の定理

　ピタゴラスの三つ組として，例えば（3，4，5）や（5，12，13）などは有名である．最初のものはエジプト人も知っていた．他には，

　　　（7，24，25），（9，40，41），（11，60，61）

などがある．これらはすべて，奇数 a によって

$$(a,\ \frac{1}{2}(a^2-1),\ \frac{1}{2}(a^2+1))$$

と表されるものになっている．だから，ピタゴラスの三つ組は，実は無限に多くあるのである．

　これについてのピタゴラス学派の仕事は，可能なピタゴラスの三つ組すべてを求めるための，今述べたような原理を示したことにある．実はこれも，ピタゴラス学派が歴史上最初の発見者と断定するのは，少々無理があるらしい．例えば前出の『九章算術』にも，これについての極めて充実した知見が見られるし，第1章に述べたように，古代バビロニアの粘土板『プリンプトン322』に

＊3　ファン・デル・ヴェルデン『古代文明の数学』10-11頁．

は，ピタゴラスの三つ組の，とても「当てずっぽう」と
は思えない，何か組織的な方法で求めたに違いないと思
わせるような一覧表がある．

　ピタゴラスの三つ組に関連する数学古代史の研究には，
極めて興味深い豊かなものがある．興味ある読者は，例
えばファン・デル・ヴェルデンの『古代文明の数学』
（14 頁の註 7 参照）の第 1 章を参照されたい．

通約不可能性の発見

　ピタゴラス学派が数学の歴史に刻印した，極めて重大
な事件は，いわゆる通約不可能性の発見である．前述
（16 頁）したが，ギリシャ人は線分と線分の比を計算す
るために「ユークリッドの互除法」という方法を開発し
た．線分 a と線分 b の比 $\frac{a}{b}$ を互除法で計算するとは，
これを自然数同士の比に置き換えることである．それは，
二つの線分に共通している単位（公約数）を見付けるこ
となのであった．

　しかし，ここでは線分 a と b について，ユークリッ
ドの互除法の操作——つまり大きい方から小さい方を引
けるだけ引いて，残りをまた……という手順の繰り返し
によって実行される操作——が，いつかは終わるという
ことが前提とされている．もちろん，このような前提を
置くことは，実際上の問題を処理する上では，特に障害
とはならなかっただろう．しかし，演繹的論理による論
証という方法を発明してしまった厳格な精神にとっては，

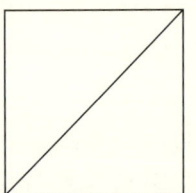

図5　正方形の辺と対角線

それは見て見ぬふりのできない問題である.

　実際, 上の手順がいつかは終わるというのは, a と b が通約可能であるということ, つまり $\frac{a}{b}$ が有理数であるということを意味している. ピタゴラスの頃のギリシャ世界の数学においては, それは暗黙の了解であった. 現代的な数学の視点から見ると, これはつまり, 任意の長さは, 実際, 有理数であると思われていたということだ. 同時にそれは, 万物は数であると言い切っていた彼らピタゴラス学派にとっては, 世界は自然数と自然数との比が奏でるハーモニーによって均整が保たれているということを意味したであろう.

　しかし, あろうことかピタゴラス学派自身が, 実は通約不可能な数の比が存在することを, それも彼らの誇る最新鋭の論理装備である演繹的論証によって明らかにしてしまった. 実際に彼らが論証してしまったことは, 正方形の一辺の長さと, その対角線の長さは通約できないということである (図5). 現代的な記号と言葉で言えば, これは $\sqrt{2}$ が有理数でないということを意味して

いる.

体系の危機

　通約不可能性の発見は，数によって数学量のすべてを算術的に統合しようというピタゴラス派の試みが，失敗に帰したことを意味している. もう少し噛み砕いて言えば，彼らが開発した演繹的論証という方法が，彼らの数学に対する基本思想に，うまく整合しなかったということでもあろう. 現代の我々から見れば，それはまさに，数学全体の是非に関わる体系の危機であったと解釈できるものである.

　その危機を乗り越えるための非常に重要なステップは，すぐ後に述べる「比の理論」やエウドクソスによる「取りつくし法」の導入である. これらの理論は，非常に大がかりな概念装置を必要とする. 単に問題を解くということより，はるかに多くの仕事を体系化しなければならないからだ. 現代的な視点から見れば，ユークリッド『原論』は，そのような巨大化した体系全体を一つの流れの中に統合しようとした試みとして歴史の中に位置付けることができる.

　通約不可能性の発見による「体系の危機」は，数学の歴史をどのような視点から見ても，決して過小評価することはできない. まさに人類の数学史における重大な革命的事件と解されるべきものであるが，この場合の「革命的」という言葉の意味については，多少の説明を要す

るだろうと思う．これは我々が普段使っている意味での
（政治的）革命のような，急激な変化と人心の一新を伴
うものとは，そもそも異なるだろうと思われるからだ．
それは伊東俊太郎氏の言う「文化的革命」[*4]に近いもの
で，（タイムスパンの差はあるが）「都市革命」や「科学革
命」などと同様，静かにゆっくり進行するものである．
さらに言えば，それは同時代人の意識や意図からという
よりは，現代の我々から見て，初めてその意義が評価さ
れるという類いのものである（もちろん，その評価は見る
人の視点や時代によって変化する）．

　実際，史実から言えば，通約不可能性の発見が古代ギ
リシャ数学におけるセンセーショナルな事件であった，
というのは無理があるだろう[*5]．つまり，人類史的なス
パンで数学史を概観した場合，通約不可能性の発見のよ
うな，時代を画するような重要な事件は，大体すべてこ
のような「文化的革命」なのだ．事実，例えば，後述す
る 19 世紀末から 20 世紀初頭に起きた「集合論の危機」
にすら，そのような緩やかで深層的な性格を認めること
ができるのである[*6]．

「深層的」という特徴について言えば，近現代において

＊4　伊東俊太郎『比較文明』51 頁．
＊5　斎藤憲・三浦伸夫訳・解説『エウクレイデス全集　第 1 巻　原論
Ⅰ－Ⅵ』東京大学出版会（2008）104 頁．
＊6　Ferreirós, J.: *Labyrinth of thought——A history of set theory and its role in modern mathematics*. Science Networks. Historical Studies, 23. Birkhäuser Verlag, Basel (1999), p.306ff.

すら，重要な発見や歴史的転回が，当事者の意図とは関係なく起こることは少なくない．しかも数学の文献は，大抵アイデアに到る筋道や動機については何も書かないのが普通であるから，実際，当事者達の本当の意図はわからないことが多い．「比の理論」や「取りつくし法」の導入についても同様だと思われる．例えばエウドクソスなどの同時代人が，通約不可能性の発見による危機を乗り越えるためにこれらの理論を発明したのだとするのは，確かに無理がある*7．

　ただ，そのような解釈が，全く無効であるというわけではないだろう．現代数学の視点と人類史的スパンという視角から見出された，むしろ深層的な意義においては，そのような解釈が最も自然だということなのである．

ユークリッドと『原論』

　古代ギリシャ数学を今に伝える最も重要な書物は，何と言ってもユークリッド（エウクレイデス，Euclid，前330－前275頃）による『原論』である．これは言わば，ギリシャ文化圏がそれまでに得ていた幾何学や算術に関する，一切の知識をまとめたものである．単に知識を集めただけにとどまらず，それらの数学的知識をギリシャ的精神によってまとめあげた一編の壮大なコンポジション

＊7　斎藤憲・三浦伸夫訳・解説『エウクレイデス全集　第1巻　原論I－VI』125頁以下参照．

なのだ．それはすなわち，見事な彫刻一体とも喩えられるであろう，一つの数学的作品である．

プロクロス（Proklos Lycaeus, 410/411−485）による『原論第1巻への注釈』の言葉を引用してみよう．

> ……［ユークリッドは］『原論』を編纂し，エウドクソスの多くの定理を系統的にまとめ，テアイテトスの多くの定理を完成させ，先駆者たちがやや厳密性を欠くまとめ方をしていた命題に，反論の余地のない証明を与えた．……*8

ということは，『原論』とは，ユークリッド以前の数学者たちが作っていた，手や足や胴体などの部位を，互いにかみ合うように調整し，またスベスベが足りないところはさらに磨きをかけ，組み合わせることで作り出された一体の彫刻のようなものだ，ということになるだろう．もちろん，その際，我々はプラモデル作りのような作業を思い浮かべてはならない．ギリシャ彫刻においては，部分の総和が全体になるのではなかったことに注意．だから最終的な形に見られる，一つの（壮大な）理論としてのまとまりや整合性といったマクロ的側面は，全く完全にユークリッドの創作と考えるべきである．

＊8　ヴィクター・カッツ『カッツ数学の歴史』上野健爾・三浦伸夫監訳，中根美知代ほか訳，共立出版（2005）70頁．［　］内は筆者による加筆．以下同．

　ユークリッドの『原論』の場合，そのマクロ的なまとまりの源泉は，やはり，その公理系——理論を構築する上で最初の出発点となる前提や仮定をまとめたもの——の選択にある．第1巻の最初は23個の定義から始まる：

- 定義1．点とは部分に分割できないものである．
- 定義2．線とは長さがあって幅のないものである．
- 定義3．線の両端は点である．
　　　⋮
- 定義23．平行な直線とは，同一平面上にあり，両方向にいくら伸ばしても交わらない直線である．

　そして，その後に，いわゆる「ユークリッド幾何学」の出発点となる五つの公準が続く：

- 公準1．任意の2点 A, B を結ぶ線分を一つ，そして一つだけ引ける．
- 公準2．いかなる線分も，そのどちらの側にもいくらでも延長することができる．
- 公準3．2点 A, B が任意に与えられると，A を中心として B を通るような円を一つ，そして一つだけ描ける．
- 公準4．直角は，それがいかなる場所に描かれたものであっても相等しい．

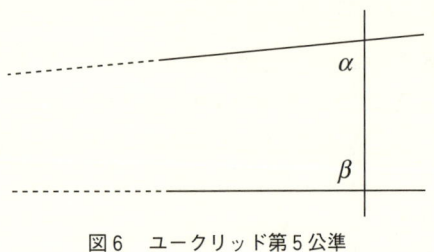

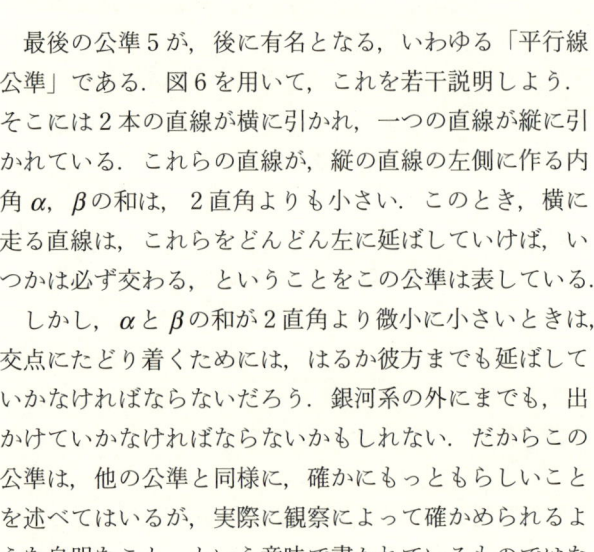

図6　ユークリッド第5公準

・公準5. 二つの直線と，それらに交わる一つの直
　線が同じ側に作る内角の和が2直角より小ならば，
　その2直線はそちらの側の一点で交わる.

　最後の公準5が，後に有名となる，いわゆる「平行線
公準」である. 図6を用いて，これを若干説明しよう.
そこには2本の直線が横に引かれ，一つの直線が縦に引
かれている. これらの直線が，縦の直線の左側に作る内
角 α, βの和は，2直角よりも小さい. このとき，横に
走る直線は，これらをどんどん左に延ばしていけば，い
つかは必ず交わる，ということをこの公準は表している.
　しかし，αとβの和が2直角より微小に小さいときは，
交点にたどり着くためには，はるか彼方までも延ばして
いかなければならないだろう. 銀河系の外にまでも，出
かけていかなければならないかもしれない. だからこの
公準は，他の公準と同様に，確かにもっともらしいこと
を述べてはいるが，実際に観察によって確かめられるよ
うな自明なこと，という意味で書かれているものではな

い.

　だから，上に述べた五つの公準はいずれも，深遠で自明で不思議で恒久で無限の宇宙の真理なのだ！　という意図で，ここに陳列されているわけではない．言わば，これらはこれ以後の議論の出発点としての仮説のような役割を果たすものである．もちろん，ユークリッドやその同時代の精神にとって，どれほどこの仮説性が意識的なものであったかは判断できない．それでもなお，ここで行われているのは，事実上一つの公理系の選択なのであり，観察できるものとか，自然の中に認められるものといった問題からいったん離れて，抽象的に運用される一つの理論体系の構築である．

　これはギリシャ的な論理の形式化（儀式化）の一つの到達点なのであるが，そこでの基本的精神は「証明」という方法を，できる限り禁欲的に遂行することにある．前述のプロクロスからの引用に謳われるような，議論の厳密性というものだ．

　しかし，だからと言って，この厳密性ばかりに注目するのは，あまりフェアなことではない．実際，ユークリッド幾何学には，様々なレベルで厳密でない側面があるのである．それは例えば，ユークリッド幾何学の最初の命題（命題1）の証明にも現れている：

・命題1．任意に与えられた線分 AB を底辺とする正三角形を描くことができる．

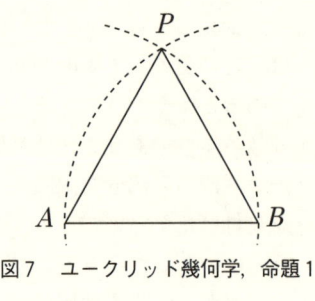

図7　ユークリッド幾何学，命題1

　その証明は，実際そのような正三角形を作って見せることでなされる．だから，三段論法のような論理的手続きによるものというよりは「見る」ということに重点が置かれた証明だと言えるだろう．その構成は次の通り（図7）．線分 *AB* を半径とする円を，*A* を中心とするものと，*B* を中心とするものの二通り描く．その円の交点の一つを *P* とすれば，*A*, *B*, *P* の3点によって正三角形ができる．

　これら二つの円を描けることは公準3で保証されている．しかし，それらの円の交点が存在することは，公準からは帰結されない．つまり，図7に書いたような点 *P* がとれるということを，何を根拠として主張すればよいのか，わからないのである．

　しかし，このような論理的不備があるからといって，ユークリッドの体系が幾何学理論として価値のないものだということにはならないだろう．こういった厳密性に

ついての，どこまで議論してもキリのない問題点は，彫像に喩えるならば，その美のミクロ的側面だけをむやみに強調したものであると言えそうである．

　要するに，十分スベスベでありさえすればよいのである．ミロのヴィーナス像の一部分を虫眼鏡で拡大して，小さいデコボコを見付けたからといって，この彫刻には価値がないという人はいないだろう．ただそのスベスベ感に要求されるレベルが，時代や地域によって異なっているだけのことだ．現代数学的な感性からすると，『原論』の議論には，多少デコボコ感が感じられるのも事実である．しかし，考えてみれば，ただそれだけのことなのであって，作品の全体的な印象に本質的に関わってくる問題とは言えないだろう．

比の理論

　ユークリッド『原論』第1巻命題47は，有名な三平方の定理である（55頁の図4参照）．

　ユークリッドによる議論の骨子は，図8の左上の正方形の面積 a^2 が，下の正方形の左側の面積 pc に，右上の正方形の面積 b^2 が，下の正方形の右側の面積 qc に，それぞれ等しいことを示すことにある．三角形の相似に注目して，辺の長さの比について議論すると，これは容易に示すことができる．

　しかし，ユークリッドは，この簡単な議論を避け，代わりに，ややまどろっこしい議論をしている．そこには，

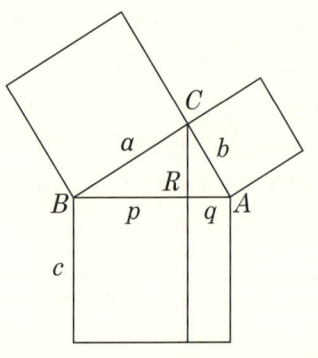

図8　ユークリッド『原論』第1巻命題47

　もちろん，何か重要な理由があると考えるのが順当である．実は，そこには『原論』という多くの巻からなる書物の，全体的な整合性を大事にする，ユークリッドの意図があるのだ．

　比を用いた議論は，確かに簡明なものであるが，しかし，そのためには通約不可能性の問題の箇所（57頁）で述べた困難をクリアしなければならない．すなわち，一般に通約できない二つの線分の比の間の，等しいとか大きいとかいう関係について，あらかじめ議論しておかなければならないのである．『原論』の場合，その議論はユークリッド幾何学を基礎としていた．したがって，そのユークリッド幾何学の議論の中で比の議論を用いると，循環論法になってしまうのである．

　ギリシャ的数学における比の扱いは，前にも述べたように，非常に面倒なものであった．そんな中で『原論』

で与えられている比の理論は，19 世紀以降の視点を先取りしたものと言っても過言ではない，真に高度な素晴らしいものである．『原論』では，比の間の等号

$$a : b = c : d$$

は，任意の自然数 m, n について次が成立することとして定義される：

・$na > mb$ ならば $nc > md$ である．

・$na = mb$ ならば $nc = md$ である．

・$na < mb$ ならば $nc < md$ である．

　一見して複雑なものであることがわかるだろう．ここでは，この複雑な定義の意味を理解する必要はない．なぜこのようなわかりにくいものを，定義として採用しなければならなかったのか，その理由の方が重要である．

　前述したように，通約不可能な線分の比については，ユークリッドの互除法で共通単位を計算することができない．つまり，何らかの単位を用いて「数える」ということができないのである．数えることができなければ，それらの比の間の等号を考えること自体ができないことになってしまう．だから，数えることとは本質的に違う，新しい方法が必要となるわけだ．

　ギリシャ数学においては，このような場合，純粋に思弁的なアプローチをとるという傾向というか，特徴があるのである．その一つの現れが，上に挙げた比の間の等

号の定義に見られるのだ.

上に述べた比の相等の定義が, 実用的なものでないことは明らかだろう. それはあくまでも思弁的なものであり, 実際の計算に役立つような代物でもない. それは具体的に与えられた線分の比を求める場合に, 常に有効であるというわけではない.

しかし, このような定義を採用することで, 比についての多くの重要な定理を証明することができる. 例えば, $a:b=c:d$ のとき $a:c=b:d$ が成り立つ, などという主張に, ギリシャ人の精神が満足する程度に完全な証明を付けようと思ったら, 上のような定義は不可欠である.

それだけではない. 例えば『原論』の第12巻命題2では, 二つの円の面積の比は, それらの円の直径の2乗の比に等しいということが, 申し分のない完璧さで証明されている. 実際の証明——それは多分, 古代ギリシャ的アプローチによる「証明」という作品の, 最高傑作の一つであるだろう——は大変長いので, ここで紹介することはできないが, 用いられている論法は, 円を内接する多角形で近似していく方法を応用したもので, エウドクソス (Eudoxus, 前408頃–前355頃) によるものとされている (いわゆる「取りつくし法」).

その後の数学の歴史においては, このユークリッドによる比の相等の定義の価値は, 長い間, 全く理解されていなかったようである[9]. 19世紀になって実数論のモ

デルが次第に構成されるようになって，初めてその意義
を人類が思い出すことになった.

　　　……この新しい（比の）理論そのものは，議論の余
　　　地なく偉大なものだ. 実際,『原論』の第5巻定義
　　　5に述べられる比の相等の定義は，まぎれもなくデ
　　　デキントによる無理数についての現代的理論に相当
　　　するし，ワイエルシュトラスによる実数の相等の定
　　　義と一言一句同じものである*10.

幾何学ゲームのルール

　ユークリッド幾何学の公準は，幾何学をする上での決
め事を述べたものであるから，それはユークリッド幾何
学というゲームのルール集のようなものだと言える. ギ
リシャ人達が発展させた論理の形式化は，このように，
理論をゲームのような姿に還元させるという傾向を持っ
ており，この傾向は西洋的数学の以後の歴史にも一貫し
て見られる. その視野の先には，論証の部分部分を，時
代精神が要求するレベルまで，できるだけ自明でスベス
ベな流れにすること，そして一般化や視野の拡張を通し
て，理論全体をより広大な地平に展開し，さらなる深化
を図る，といった特徴が見られるのである.

＊9　Russo, Lucio : *The forgotten revolution,* pp.45-48.
＊10　Heath, Thomas L. : *A history of Greek mathematics,* Vol. I,
Dover, New York (1981), p.326ff.

　理論のゲーム化という傾向性は，そもそも（目盛りの
ない）定規とコンパスのみで展開できる幾何学，という
ユークリッド幾何学そのものの基本的な考え方にも明確
に現れている．この「定規とコンパスによる作図」とい
う考え方は，つまり，ユークリッドの公準に保証された
程度の作図操作，例えば，2点間を線分で結ぶとか，線
分を延長するとか，与えられた線分を半径とするような
円を描くといった操作による，そしてそのような操作し
か使ってはいけないという幾何学ゲームである．

　このような，ある種禁欲的なルールのもとに，どれだ
けのことができるのか，というのが人々の関心事であっ
た．その片鱗は，ギリシャ人達が次のような問題に取り
憑かれていたことからもわかる：

- 立方体の倍積問題．任意に与えられた線分から出
  発して，その線分を辺に持つ立方体の，2倍の体
  積を持つ立方体の辺の長さを持つ線分を作図せよ．
- 角の三等分問題．任意に与えられた角を3等分せ
  よ．
- 方円問題．任意に与えられた円と同じ面積を持つ
  正方形を作図せよ．

　立方体の倍積問題は，祭壇の形を変えずに大きさだけ
を変えるという，宗教儀式的目的から生じた問題である
ことは，既に述べた通りである．これらの問題は，後年，

結局はすべて不可能であるということが示されて，数学的には決着するのであるが，いずれにしても，ユークリッドの公準のようなルールを出発点とした場合，そこからどの程度のものまでが可能で，どこから先が不可能なのか，といった感覚は公準を眺めていただけではわからない．それらについて多くの実例を経験し，多くの知見を得ることで，一つの体系としてのまとまりが徐々に見えてくるのであり，その限界も明らかとなってくる．言わば，理屈ではなかなか語れない，マクロ的大域的な体系の意義が，内的に整合したまとまりの中に次第に理解されるようになるのである．

　もっとも，彼らが研究した図形の中には，定規とコンパスだけでは作図できないものもある．例えばヒッピアス（Hippias, 前5世紀）のカドラトリックスや，アポロニウス（Apollonius of Perge, 前262頃−前190頃）の研究した円錐曲線（二次曲線）などである．特に前者の図形を用いると，角の三等分問題や方円問題は解けてしまう．しかし古代ギリシャ人は，この解決が定規とコンパスによる，というルールからは逸脱していることを十分認識していた*11．

　ともあれ，空間にバランスの概念を見出すことに芸術的美意識を発展させていたギリシャ人にとって，理論体系全体を客体化し，その限界を明確に意識することは，

---

*11　Russo, Lucio：*The forgotten revolution,* p.42.

体系の存在意義にも関わる重要問題であったのだろう.

正しさを確信させる方法

　上にも述べたように，ユークリッド『原論』に代表される，古代ギリシャの数学の基本的態度には，定義・公準・命題（定理）という流れを基調として，思弁的な議論を展開しようという傾向がある. また，これが高じて論証の形式化・儀式化，あるいはゲーム化とも言える傾向性を持つに到る. これは『九章算術』やそれ以後の中国の数学文献に見られるような，問題・答え・計算法という基調のものとは，本質的に異なった流れのものであることは明瞭であろう.

　多くの人が指摘するように，『原論』と『九章算術』の間の本質的な相違点は，証明するということの違いに現れている. もっとも，証明するというと，もはや多くの現代人が，西洋的数学の意味での証明の概念に慣れてしまっているから，この言葉を用いるのはあまりフェアではない. むしろ「正しさを確信させる方法」とでもしておくのが無難である.

　そして，その違いの本質は，何と言っても議論の形式化・儀式化にあるだろう. 前述の通り，『原論』にも『九章算術』にも，今日ユークリッドの互除法として知られる手順が述べられている.『九章算術』においては，先に引用した（13頁）ように，それは分数の約分のための技術という扱いであった. しかし，『原論』の該当す

る箇所で述べられていることは，これとは明らかに力点の異なった問題である．それは『原論』第7巻命題2であるが，ここでの論点はむしろ，線分 a と線分 b から互除法の手順によって得られた最大公約数 d が，実際本当に最大公約数であることを証明することにある．

　今，その証明をほんの少しだけ詳しく検討してみたい．そうすることで，古代ギリシャ的「証明」の特徴が浮き彫りになるからである．この（『原論』第7巻命題2における）証明では，次の二点が議論されている．

・d が a と b の公約数であること．
・d が a と b の公約数の中で最大のものであること．

　最初の点を明らかにするには，約数や公約数についての基本的な性質や，そもそも公約数とは何かといった点についての準備がなければならない．数学の本を読むとき，大抵は必要な箇所だけ読めばよいのではなく，そこに現れる議論の基礎付けを参照するため，その都度，前に前に遡っていかなければならないことが多い．これは証明というスタイルで数学することの宿命である．

　古代ギリシャ的な意味での証明は，徹頭徹尾「仮説演繹法（hypothetico-deductive method）」によるものである．仮定に三段論法のような論理図式を当てはめて，結論を導く．導かれた結論は，また次の議論の仮定となる．こ

れを繰り返していくのが，仮説演繹法である．

　このような，スッキリした簡明な局所的構造を持つことが，形式論理的な議論の特徴である．その簡明さゆえに，これをさらに洗練して形式化・儀式化していくことができるわけだ．

　しかし，現実に証明を理解しようとする側にとっては，議論が形式化されればそれだけわかりやすくなるというものでもない．実際，証明を理解しようとする側にとっては，証明に使われている仮定を正当化するために，むしろ結論から仮定へ遡って，その出自を明らかにすることが重要となる．

　つまり，証明というスタイルが「正しさを確信させる」ためには，すべての仮定を遡った先にあるべきもの，つまり対象や背景についての十分な基礎付け（ファウンデーション）が必要なのだ．そのため，証明という儀式を執り行う前には，かなりものものしい前準備が必要となることが常であるし，その全体も荘重なものとなる傾向にある．つまり，儀式がどんどん重厚になっていくわけだ．これはある意味，悪循環であるとも言えるだろう．そこをうまくバランスを取りながら，一つの体系に仕上げることも，このスタイルで数学する上での大事なポイントである．

　次に『原論』第7巻命題2が証明している，もう一つのポイント，つまり公約数 d が最大であることについてであるが，ここには背理法（帰謬法）という間接証明の技術が使われている．つまり，最大ではないと仮定し

て矛盾を導く，という方法である．言わば，議論のスタ
イルそのものに，工夫が見られるというわけだ．それは
工夫としてはなかなか上手なものだが，人によってはあ
まり自然なものではないとも感じるだろう．

　ギリシャ数学による仮説演繹法や，背理法といった証
明技術の発明が，どれほど歴史上必然的なものだったの
かはわからないが，ここから生じる流れは19世紀以降
の西洋数学の爆発的膨張へとつながることになるし，人
間の数学全体の20世紀的統合の原動力にもなった．そ
して現代の数学者は，いまだにこの方法論的（ミクロ
的）基調のもとに各自の理論を展開しているし，それを
超える新たな流れの基調は今のところ見出されていない．
言わば，少なくとも現代数学の議論の局所的テクスチャ
ーについて言えば，それは紀元前の昔に発明されたギリ
シャの方法を，ほとんどそのまま踏襲しているわけであ
る．冷静になって考えると，これは異常なことかもしれ
ない．

　古代のギリシャ人が，こういった論理の形式化や，新
しい論理技法の開発などに，よくも悪くも歴史上希有な
才能を示した背景には，よく言われるように彼らの議論
好きがある．そして，なぜ彼らが議論好きになったのか
というと，それは議論でもしていないと退屈で仕方がな
いくらい，彼らがヒマだったからだ，というのである．
ルッソの『忘れられた革命』にも，仮説演繹法や近代的
自然科学の方法の背景に，ギリシャ人達の口承文化

（oral culture）的傾向があることが示唆されている*12.

　確かにそれは説得力のある説明であると思うし，事実，本当に彼らはヒマだったのだろうと思う．プラトンの対話編などを読むと，例えば浴場でくつろぐソクラテスが，ひねもす人と議論し続ける様子が描かれるが，何しろそれで一冊の本になってしまうくらい延々と続くような議論なのだから，本当に死ぬほどヒマだったのだろう．もちろん，プラトンの対話編はフィクションであるが，実際のソクラテスが今日の日本の大学教授のように，雑務に追われる日々を過ごしていたのなら，いくらフィクションとはいえ，決してあのようには対話編は書かれなかったに違いない．

　それからもう一つ考えられる説明としては，ギリシャ人が例えば中国人と比べて，格段に計算が不得手だったからだという可能性もあるのではないだろうか．中国では早くから算木が用いられ，少し後の世代になるとソロバンが使われるようになった．こと数の計算にかけては，同時代人の中で飛び抜けて恵まれた環境にいたわけである．それに比べて，ギリシャ人達にとっては，先にも述べたように，もっぱら図形を作図することがソロバン代わりだったわけだから，一般的に言ってその計算はとても鬱陶（うっとう）しかったに違いないのである．

　だから，中国人と同じことをしていたら，多分彼らは

---

*12　Russo, Lucio : *The forgotten revolution,* pp.196-197.

何も残せなかっただろう．中国の数学は計算第一であり，計算術を洗練していくことに誰をも寄せ付けない実力を発揮していたのに対して，グレコローマン的な数学の伝統においては，抽象的・演繹的数学の方向性に活路を見出したというわけだ．

健忘的抽象化

　上ではユークリッド『原論』の基本的スタイルが「定義」に始まることを述べ，それらのいくつかを実際に引用した．しかし，例えば既にたびたび引用しているルチオ・ルッソのように[*13]，これらの定義はそもそもユークリッドによるものではなかったのではないか，という意見を述べる人もいる．つまり，これらの定義はそもそもユークリッドによるオリジナルではなく，後年別の人によって挿入されたものではないか，という意見である．この意見にはそれなりの説得力があると思われる．

　その理由は，ユークリッド『原論』において既に始まり，その後これを引き継いだ近代西洋の数学にも一貫して見られる抽象化の態度にある．これらの数学の議論においては，例えば数や図形や，あるいはそれらについての性質などが，いったん抽象され記号などによって明示されると，その後はその出自をキレイに忘れ去り，必要な性質を持った単なる記号として取り扱われている．

[*13]　Russo, Lucio : *The forgotten revolution*, pp.320-327.

　つまり，三角形や直線などの概念が，それがどのような経緯を経て獲得されたものかということは基本的に忘れ去られ，必要な性質のみしか扱われない．A と B が点で，AB が線分であっても，議論で大事なのはこれらの「記号」を用いたゲームをすることなのであって，究極的にはこれらが点でなくても線分でなくてもよい．

　このような抽象化の非常に特徴的なパターンは，言わば「健忘的抽象化」とでも呼べるだろう．このような特徴があるので，古代ギリシャに始まる仮説演繹法という方法が，形式化への強い傾向性を持つのである．仮定から結論，という流れを数多く組み合わせて一つの証明を形作る中で，ある仮定・結論のユニットで得られた結果が次のユニットに受け継がれるときにも，大抵はその前ユニットの議論はスッカリ忘れ去られてしまう，というより忘れてしまった方がスッキリすることが多い．ここにも，健忘的抽象化の心理パターンが見られる．数学の問題を考えるときには，余計なことはできるだけ忘れて，本質的なことだけに集中した方がわかりやすい．このような事情は，現代人にとっても古代人にとっても同じであるはずだ．

　だとすれば，点を部分のないものであるとしてみたり，直線を幅のないものであると規定することは，全く無用のものである．無用どころか，健忘によるスッキリとした議論のためには，このような余計なイメージは邪魔にすらなるというものだ．だから，『原論』における定義

はユークリッド自身のものではないとした方が，実際，非常に整合的な印象を受ける.

　もちろん，この点ユークリッドも徹底していなかったことは事実である*14. しかし，このような近代的な考え方が，ユークリッドの頃のヘレニズム期には既に存在し，それが中世にはいったん忘れ去られつつも，再び西洋近代数学の基本的な見方として復活したというテーゼには，一定の説得力があると思われる.

真理に近付く方法？

　ただ，このようなプラトン・アリストテレス以来の形式的論理による論証という方法が，数学という学問そのものの属性であるかのように思われてしまうのはよくないだろう. あまり使いたくはない言葉であるが，数学的な「真理」に向かって近付くための方法，という観点から見ると，このことをもっと冷静に捉えられると思う.

　以前挙げた引用からわかるように，『九章算術』の基本的なスタイルは，問題があって答えを与え，その後に計算法についての解説があるというものである. 計算法についての解説である「術曰（術にいわく）」以下の部分は，簡潔を旨とし，あまりくどくど説明しない. だから，読む方は算木片手に必死の解読をしなければならなかっ

---

*14　例えば第1巻命題16は，ユークリッド平面というモデルに依存していることが知られている.

ただろう.

　もちろん，簡単な計算問題も多いが，ユークリッドの互除法のような整数論の深い技術が，極めて簡潔に述べられているのだから，それから奥義に到るためには読み手各人の努力やセンスが必要だったはずである.

　地味な計算を積み重ね，その奥にある真理へと近付くというスタイルは，それはそれでいかにも東洋的だと思われるかもしれない. しかし，数学を理解するためには，結局は自分自身の努力が必要であること自体に，洋の東西の違いはないのである. 実際，ユークリッドの互除法のような技術で分数の約分ができることを，ギリシャ的な証明によって学ぼうと思っても，古代中国の官吏候補生や暦算家の卵たちと同じように，いくつか実際的な例を計算してみて勘を養うといった努力を，結局は経なければならないだろうと思う.

　ギリシャ的な意味での証明の特徴は，それがミクロレベルでは極めて簡単な論理の流れからできている，ということである. つまり，それは究極的には，例えば仮言的三段論法のようなシンプルな要素の集まりであり，それら一個一個には見事さや鮮やかさは全くない. 証明がそれなりに「見事だ」という感覚を人々に与えるのは，むしろ，議論全体から得られる印象であろう. 一筋一筋の全くシンプルで自明な流れが整合的に結びついて，一つの「正しい」証明となる，という構図がここにはある. しかし，それだからといって，ギリシャ的な形式論理に

よる証明が，真理により近付いているかというと，決し
てそうではない.

　数学の証明とは，それこそ行から行へ一文ずつ丹念に
理解していけば，どんなに長い証明でも理解できるはず
である，とはよく言われることである. それは，もっと
もな意見である. 実際，そのような側面もあるだろう.
しかし，それだけでは数学者は不安なのだ. ほとんどの
数学者は，一行一行，一見正しい論証を積み重ねていっ
た挙げ句，明らかに正しくない結果を証明してしまうと
いう経験を，少なからずしているはずである. それは多
分，蟻のように小さい人が（存在したとして）ギリシャ
彫刻にへばりついて，これをくまなく鑑賞しようとする
ようなものだ. それでは，全体的な整合性を感得するこ
とができない.

　つまり，ギリシャ的な意味での証明がついた命題や定
理には，ギリシャ彫刻と同様に「全体像」があるのであ
り，その「鑑賞」には，証明を一行一行読むという局所
的認識より他の，大域的なセンスが必要なのだ. それは
彫像全体の均整から感じられる美しさと，ほとんど同等
な意味での美しいという感覚である. そしてまさにこの
感覚が，証明から読み取るものを数学的な「正しさ」の
認識だと見なすような処理を，脳内で行わせているのだ
と思う.

　逆に言えば，これがユークリッドの『原論』に典型的
に見られる，古代ギリシャ的数学の方法の真骨頂であり，

極めて優れた点であり，後に西洋数学が印象的な発展を
遂げる原動力なのだと思われる．

第4章

古代から中世へ

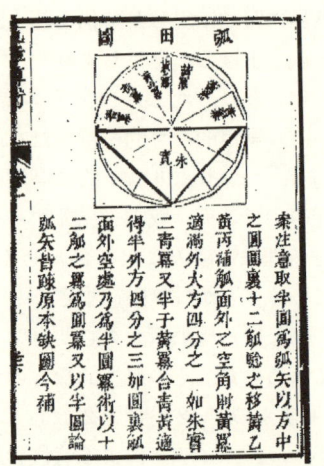

割円術——3世紀頃の中国の数学者劉徽は，円周を多
角形で近似することで，当時としては精密な円周率の計
算をしていた（本文108頁参照）．（『九章算術』東北大
学附属図書館）

アルキメデス

　この章では，ユークリッド以後から中世の終わりに到る数学の歴史を，できるだけ広範囲にわたって概観しようと思う．この時代の数学の発展は，後の時代に比べると比較的緩慢ではあるが，しかし，代数計算の萌芽や10進位取り記数法など，言わば数学の土台部分を構成する重要な技術が，長い時間をかけてじっくり熟成された時代でもある．まずは，ユークリッド以後のギリシャ・ローマ世界に突如出現した時代を超えた大天才，アルキメデスを取り上げることにしよう．

　前章に述べたように，ユークリッド『原論』における比の取り扱いは，実用的な目的を持ったものではなく，純粋に思弁的な，つまりギリシャ的に高度に形式化された論証の形態の中でこそ，威力を発揮するものである．実際，これと背理法を巧みに組み合わせることで，「無限に近付いていく」とか「無限に小さくしていく」といった考え方，いわゆる極限概念を必要とする等式を説明することができるのだ．その典型的なものが，前章で取り上げた，『原論』の第12巻命題2である．これと類似のアイデアが，アルキメデスによる時代を超越した仕事の数々の中にも見られる．

　アルキメデスの理論は，既に19世紀的な極限や連続性の概念をかなりの程度先取りした，真に驚異的なものだ．あるいはルッソの『忘れられた革命』*1に述べられ

るように，それほどまでに高度に発達していた数理科学が，その後の歴史の中でほぼ完全に忘れ去られ，近代科学によって再発見されなければならなかったということの方が，むしろ驚異的だと言うべきかもしれない．

アルキメデス（Archimedes, 前287頃−前212）は，まさにそのような古代ギリシャ的文化世界の驚異を象徴する人物である．彼の多岐にわたる仕事には，西洋近代の科学的精神が既に流れており，その点，全く時代を超越したスーパーマンであった．実際アルキメデスは，今日我々が微分積分学と呼んでいる分野の問題について，完全に独創的な視点と方法で切り込み，後年積分法と呼ばれるテクニックについて，極めてレベルの高いものを既に手に入れていた．

アルキメデスはシチリア島のシラクサ出身で，一時は数学の修行のためアレキサンドリアに留学したが，その生涯のほとんどをシチリアで過ごした．シラクサの王ヒエロンの頼みで，金の王冠にどのくらい銀が混入しているのかを，王冠の体積と金および銀それぞれの比重から，簡単な比例式を用いて導き，実際に銀混入によるごまかしがあったことを暴いたのは有名である．

あまりにも有名な伝説が，公衆浴場でこの発見をしたアルキメデスが「ユーリカ！」などと叫びながら，あろうことか裸のままで町を走り回る姿を今に伝えている．

＊1　Russo, Lucio : *The forgotten revolution.*

本当かどうかはわからないが，そのような伝説が広まる
くらいにはオッチョコチョイだったのかもしれない．確
かに何らかの発見をしたときには，それなりの興奮を経
験するものだと思う．しかし，だからと言って，服を着
ることすら忘れて裸で町を走り回るというのは，ちょっ
と信じがたい．筆者の知り合いの中にも，歴史の陳列棚
に出品しても恥ずかしくないくらいの，なかなかの変わ
り者達がいるが，そこまで無茶な人はいない．

　ご存知のように，半径 r の円の面積は πr^2 で与えられ
る．ここで π はいわゆる円周率であるが，アルキメデス
はこの値の，当時としてはとびきり精密な近似を求めた．
それは

$$3 + \frac{10}{71} < \pi < 3 + \frac{1}{7}$$

というものである．

　これを求める上でのアルキメデスの方法は，大体以下
のように要約される．問題は直径が 1 の円の，円周の長
さを求めることだ．それが難しい理由は，円周という曲
線が曲がっているからである．だから，円を正多角形で
近似するというアイデアが生まれる．正多角形の一辺は
直線なので，その長さは求めやすいからだ．もっとも，
これは近似でしかないから，この方法で円周の真の長さ
を求めることはできない．しかし，正多角形の辺の数を
どんどん増やしていけば，近似値は真の値に近付いてい
くであろう．そしてこれこそが，アルキメデスが既に使

いこなしていた「極限」という考え方なのだ.

アルキメデスは,最初に正6角形から出発し,正12角形,正24角形というように,辺の数を次々に2倍していくという作戦をとった.この2倍していくという操作がパターン化できれば,後は基本的には計算技術の問題である.アルキメデスによる上記のπの評価は,正96角形の計算から得られたものだと言われている.

円周率の計算については,アルキメデスの他にも興味深い歴史の推移があるので,これらをまとめて後述することにしよう.ただ,アルキメデスにとっては,円周率の計算そのものより,上のような正多角形による近似を用いて円についての性質を証明することの方が重要だっただろうと思われる.例えば,アルキメデスは次の定理を証明した:

- 定理.円の面積は,円周の長さを底辺とし,半径を高さとした直角三角形の面積に等しい.

半径rの円の円周が$2\pi r$であるから,その面積は$\frac{1}{2} \cdot 2\pi r \cdot r = \pi r^2$となって,見慣れた式そのものになる.これに限らず,アルキメデスは円錐や球の体積を求める公式をも証明していたのである.

このような定理を証明する上では,具体的にπの値を数値として知っておく必要はない.しかし数値はわからなくても,その数の特徴を論証で用いることができなけ

ればならない．アルキメデスが確実に極限の概念を使い
こなしていたというのは，全くこのような意味において
である．実際，上のような問題に対するアルキメデスの
方法は，現代にもそのまま通用する，明確に思弁的な意
味での極限概念を駆使した，真に驚くべきものだ．それ
は論理と直観の見事な融合とも言える，人間精神の金字
塔である．

　そこでは背理法が巧みに使われる中に，次の「アルキ
メデスの原理」が活躍する：

　　・どんな正の数 ε も何倍かすれば 1 以上にできる．

　ε がどんなに小さい数でも，それが正でありさえすれ
ば，2 倍，3 倍としていくと，次第に大きくなっていく
から，いつかは 1 よりも大きくできるはずだという，言
わば「塵も積もれば山となる」的な発想の原理である．

　アルキメデスはシラクサの王のブレイン的存在であっ
たそうだ．実際，大変頭が良かったに違いないし，幾多
の伝説が極めて合理的な精神を持った人間としての彼の
姿を伝えている．しかし，いかんせん変わり者ではあっ
たらしい．もう一つの有名な伝説によると，第二次ポエ
ニ戦争でついにシラクサが陥落した際，彼は自宅の庭先
で呑気に幾何の問題を研究していたという．ローマ兵が
見咎めると「私の図を踏むな」とツッケンドンな態度を
とったため，あろうことか殺されてしまったとのことで

ある.

　本当だとすると，なんともはや，残念な話である.

　ディオファントス

　アルキメデス以降のギリシャ・ローマ世界における数学者の中では，学術的にも歴史的にもディオファントス（Diophantus of Alexandria，3世紀頃）の存在が際立っている.

　ビザンチン帝国で編纂された『ギリシャ詞華集（*Greek Anthology*）』第14巻の126番の詩には，次のような問題がある：

　　この墓にはディオファントスが眠っている．ああ，なんと驚くべき偉大なことだろう！　その墓は学の理をもってディオファントスの人生の区切りを語る．神はかれの生涯の6分の1を少年期として与え，加えて生涯の12分の1，頬に産毛を生やしていた．それから生涯の7分の1がたってディオファントスは華燭の典を挙げ，結婚して5年後ディオファントスに息子を授けた．ああ，遅くに生まれた哀れな子供よ！　その父の生涯の半分に達したとき，冷酷な運命の神が息子をとらえた．4年の間その悲しみを数の知識で慰めた後，ディオファントスはその生涯を閉じた*2.

　さて，ディオファントスは何歳で死んだか，というのが問題である．答えは84歳．ちなみに結婚したのは33歳で，息子を授かったのは38歳のとき，そしてその息子は42歳で亡くなっていることになる．

　この問題はディオファントスの墓碑銘問題と言われる有名なものであるが，ディオファントス自身の数学上の業績にあるような問題に比べると，いささか易しすぎるものである．

　ディオファントスが考えたものは，現在では一般に「不定方程式」と呼ばれるもので，未知数の個数に比べて方程式の個数が少ないパターンのものである．本来ならば定まった解を持たないものであるはずのところに，解は整数であるとか有理数であるとかいう条件を付けることで不思議に解けることもある，という種類のものだ．その解法は，もちろん，一般にはとても難しい．

　例えば，第3章に出てきた「ピタゴラスの三つ組」の問題（54頁）は，

$$x^2 + y^2 = z^2$$

という，三つ未知数を持つただ一個の方程式を満たす可能な整数の解をすべて見出せ，というものである．これに対する本質的な解答は，定数倍や変数の入れ替えを除いて，ピタゴラスのところ（55頁）で述べたものであることは，前述の通りである．

＊2　ファン・デル・ヴェルデン『古代文明の数学』223頁より引用．

　このように，一見解けそうもない問題を，切れ味のよい推論で解くというところに，ディオファントスの数論の真骨頂がある．現在でも使われる「ディオファントス方程式」とか「ディオファントス近似」といった数学の専門用語は，彼の業績に由来する．

　ディオファントスは『算術（*Arithmetica*）』という有名な著作に，これらの業績を残している．アレキサンドリアで書かれた当初は全13巻であったが，現存しているのは6巻のみ．それも中世の間のアラビア語訳テキストから，ラテン語に翻訳され直したというものである．16世紀に出版されたラテン語訳は，フェルマーによって読まれ多くの注釈が付けられた．その中には多くの珠玉の観察があるが，なかでも有名なのが，後に「フェルマーの最終定理」と呼ばれるフェルマーの書き込みである．フェルマーの最終定理をめぐるスリリングな歴史については，第11章で述べる．

　さて，ディオファントス型の方程式の中でも典型的なものを一つ見てみよう．それは

$$ax - by = c$$

という形のもので，未知数は x, y，残りは既知数である．問題は，a, b, c が整数で a, b が互いに素であるとき，可能な整数 x, y の値を求めよ，というものだ．

　例えば，7の倍数でもあり，5の倍数でもあり，3で割ったら1余るような数を求めてみよう．その数は7と5の最小公倍数である35で割り切れるから，$35x$ とお

ける．そうすると，条件は

$$35x - 3y = 1$$

という形の式で表される．

　解の一つ $x = 2$, $y = 23$（これはユークリッドの互除法
を繰り返し用いて見付けることができる）が見付かれば，
残りの解は

$$x = 2 + 3u, \ y = 23 + 35u$$

という形である．ここで u はどのような整数でもよい．
だから，求めるべき数は

$$35x = 70 + 105u$$

という形のもの，つまり 105 で割って 70 余る整数すべ
てであることがわかる．

『孫子算経』

　ここで視点を同時代頃の東洋に向けてみよう．特に後
の時代の日本の数学（いわゆる和算）への影響や，現代
数学における知名度という点から見ると，3世紀頃に中
国で書かれたと言われる『孫子算経』という書物が重要
である．そこに述べられている有名な問題を一つ紹介し
よう．

　筆者が読者であるアナタの年齢を知りたいとして，ア
ナタは教えてくれないとしよう．それでもあきらめない
筆者は，アナタの年齢を 7 で割った余りを尋ねるだろう．
アナタはそのくらいならよいだろうと思って，筆者に教
える．さらに筆者は，アナタの年齢を 5 で割った余りを

訊くだろう．もちろん，特に警戒する理由もなさそうだ
から，アナタは筆者にそれを教える．

　ここで筆者はかなりの確率で，アナタの年齢がわかっ
てしまっているだろう．それでも一応，さらに尋ねるに
違いない．アナタの年齢を3で割った余りを．ここまで
わかると，もう筆者は確信するだろう（アナタの計算が
間違っていなければの話だが）．

　実は，以上の情報，つまり7で割った余り，5で割っ
た余り，3で割った余りがわかると，アナタが105歳未
満だとして，完璧にアナタの年齢がわかる．7で割った
余りと5で割った余りだけでも，大抵わかる．その際，
アナタの年齢が35歳未満であるとか，35歳以上70歳
未満であるとかいうことが，あらかじめわかっていれば，
もう完璧である．

　例えば，ある数 N があって，その値を知りたい．そ
れを7で割った余りは2で，5で割った余りは3で，3
で割った余りは2であるとする．このとき，N を105
で割った余りは23でなければならない．

『孫子算経』には，このようなちょっと不思議な整数の
一般的性質が書かれている．例えば，次のようなもの
だ：

　　　p，q が互いに素な自然数であり，未知の整数 N
　　について，それを p で割った余りと，q で割った余
　　りがわかっているとする．このとき，N を pq で割

95

った余りの可能性は一通りしかない.

　これは現在でも「中国式剰余定理」と呼ばれている定理であり，ちょっとした整数論の本には，必ず紹介されている．またその証明も，非常に容易というわけではないが，初等的に与えることができる．だから筆者はここで，その仕組みをいちいち解説して，読者の暇つぶしの楽しみを奪うなどという野暮なことは控えようと思う．ただ，若干のヒントとして，上の「年齢当て」の場合の求め方だけ，ここに書こう．ただし，あまり濫用すると友人から嫌われるだろうから，注意すべし．

　7で割った余りをa，5で割った余りをb，3で割った余りをcとする．このとき，次の計算をする：

$$15 \times a + 21 \times b + 70 \times c$$

結果を105で割った余りが，求める値である．

　例えば，7で割った余りは2で，5で割った余りは3で，3で割った余りは2であるとするならば，

$$15 \times 2 + 21 \times 3 + 70 \times 2 = 233 = 105 \times 2 + 23$$

なので，答えは23である．

　後述する関孝和の業績をまとめた『括要算法』（146頁）巻二には，次の「孫子歌」が見える：

　　三人同行七十稀，五樹海花廿一枝，
　　七子団円正半月，除百零五便得知．

ここで，半月は 15 を表している．

　なぜ，15 とか 21 とか 70 といった数を考えるのか，というのが重要ポイントであるが，これについては，前項の終わりにディオファントスの不定方程式の例として挙げた計算が，実はヒントになっている．興味と暇のある読者は，これに注意して計算の仕組みを解読してみるとよいと思う．

10 進表記

　古代から中世という時代は，数の表記方法の変遷という視点からも，非常に興味深い時代である．我々が日常的に使っているような数の表し方は，いつ頃からどのようにして用いられるようになったのだろうか．その歴史的経緯の重要な部分が，この時代にあるのである[*3].

　我々が普段行っている，縦型の計算方法，いわゆる積み算という方法は，考えてみればとてもよくできている．例えば，8691 + 727 だったら，

$$
\begin{array}{r}
8691 \\
+\ 727 \\
\hline
9418
\end{array}
$$

と計算する．

　このような計算方法の大変優れている点を挙げてみよ

---

*3　数の表記法や，それに伴う計算術一般の歴史についてはヴァン・デル・ウァルデン『数学の黎明』の第 2 章がわかりやすい．

う：

- 機械的であること．方法を一度憶えてしまえば，計算の都度，数の性質などについて余計な考察を加える必要はなく，基本的には「手さばき」で計算ができてしまう．

- シンプルであること．方法の習得はいたって簡単であり，そのために高級な数論の素養などは必要ない．

- 一般的であること．どんな数が相手でも，どんなに桁数が多くても，方法に本質的な変更を加える必要はなく，どのような場合でも原則として一律に計算することができる．

他にもあるかもしれない．しかし，これだけでも，この方法がとても優れていることが頷ける．

このような，全くアリガタイ計算図式が可能となるためには，そもそも数を，我々が通常やるように「10 進位取り表記」で書くということができなければならない．そしてそのためには「0」という数字が必要となる*4．

このような記数法がいつ頃，どこで，どのようにして発明されたのかについては，あまりはっきりしたことはわかっていないようである．筆者もよく知らないから，とりあえず，カッツ（Victor J. Kac, 1943–）の本*5やボ

---

*4　吉田洋一『零の発見——数学の生い立ち』岩波新書（1939）が優れた解説を与えている．
*5　『カッツ数学の歴史』263 頁以下．

イヤーの本*6, さらにストルイク (Dirk Jan Struik, 1894
-2000) の本*7などに述べられているところを要約して
みよう.

まず, このような表記法は, 遅くとも8世紀までには,
ヒンドゥー文化圏において成立している*8. これは, そ
もそもそのあたりの人々による純粋な発明というもので
はなく, 中東やおそらくはエジプトをも含めた地域で,
次第に形成されていったアイデアが, シルクロードなど
の交流路を通じて広まったものである. しかし, 一度そ
れが発明されてしまうと, この便利な記数法は次第に当
時のイスラム圏にも浸透していった. 10世紀にアフマ
ド・イブン・イブラヒム・ウクリーディスィーなる人物
の書いたアラビア語の算術書には, 現在のものとほぼ変
わらない, 積み算による計算の方法が明確に記されてい
る.

積み算のような見事な計算の手順は, 我々は子供の頃
に正しい方法だと疑いなく教わるので, その素晴らしさ
にはなかなか気付きにくい. そのようなことに少しでも
気付きたかったら, 例えば, 積み算によるたし算やかけ

---

*6 Boyer, C.: *The history of the calculus and its conceptual
development,* Dover Publications, Inc., New York (1949), pp.239ff.
*7 Struik, D.: *A concise history of mathematics,* Second revised
edition, Dover Publication, Inc., New York (1948), pp.86ff.
*8 AD 595 年のものと見られる銅板文献『サンケーダ (Sankheda)』
が, 10 進位取り表記が用いられている現存最古の文献であるとのこと
である.

算の手順が，本当に正しい答えを出力するものである，
ということをギリシャ的に証明してみるとよいだろう．
そう簡単ではないことに気付くはずである．それは，例
えば

$$(a + b) \cdot (c + d) = ac + ad + bc + bd$$

といった，数の基本的な法則を巧妙に用いている．

　のみならず，積み算の手順の中には，かなり高級な数
のパターンも隠されている．例えば，有理数を10進小
数展開すると，必ずどこかから循環する．例えば，

$$\frac{1}{34} = 0.0294117647058823529411764705882352 94 \cdots$$

では，小数点以下第2位のところから2941176470588235
という数の並びが繰り返される．

$$\frac{1}{4} = 0.25$$

のような有限小数でも，右に0が無限に続いているのだ
と思えば，やはり同様だとわかる．

　この「循環する」という有理数の性質は，数というも
のの基本的な性質であるから，ギリシャ的な意味の荘重
な証明をつけることもできる．しかし，それよりももっ
と手軽に，割り算の積み算の手順を注意深く検討するこ
とでもわかるのである[9]．多分，荘重な証明によるより
も，こちらの方が目にも鮮やかであろう．グレコローマ

＊9　例えば，吉田洋一『零の発見──数学の生い立ち』74頁以下を参照．

ン的証明術によらなくても，数に隠された深層のパターンを「見る」ことは可能である．数に対する直観の重要性が，顕著に見受けられる実例だと言えるだろう．

計算のパッケージ化

中世においては，各地の古代文明による数学の知見は，アラビア世界に集約されていた．西ローマ帝国の崩壊により古代地中海世界文化の多くはアラビア世界に流出するが，その流れの中に古代ギリシャ数学もあった．また，中国の古代数学は，インドやペルシャを通じてアラビアにもたらされる．これら外来の数学が，地元である古代バビロニアやエジプトの伝統的数学と融合して発展したのが，中世アラビアの数学であった．当時のアラビア地域は，言わば世界中の数学のるつぼだったわけだ．この状況は，アラビア世界の数学が，いわゆる「12世紀ルネッサンス」において北アフリカやイベリア半島を通じて，西側世界にもたらされるようになるまで続くわけであるから，アラビア数学は実に700年もの長きにわたって栄えたことになる．その数学史的意義は，当然ながら極めて重要なものだ．

数学においてだけでなく，より一般の自然科学においても，この時期のアラビア文化の果たした役割は，単に古代ギリシャ・ローマの伝統を保持し，近代西洋に受け継いだことにとどまらない．数学においては，それは代数的・アルゴリズム的視点を本格的に数学史の流れに付

け加えることで，新たなパラダイムの創造をもたらした
のだ．「計算する」ことと「見る」ことの二分法という
立場から見れば，これはまさに「計算する」ことによる
数学の新しい伝統が，本格的に始まったことを意味す
る[*10]．

　現在でも通用している数学用語には，アラビア起源の
ものも多い．例えば「ゼロ（zero）」という言葉は，ア
ラビア語の「シフル」（何もないという意味）を，後にラ
テン語に音訳した「zephirum」という単語が起源とな
っている．この本でも既にたびたび用いてきた「アルゴ
リズム（algorithm）」（方法・手順という意味）や，代数学
を表す「アルジェブラ（algebra）」といった言葉もアラ
ビア起源である．

　実はアルゴリズムという言葉は，アル＝フワーリズミ
ー（al-Khwārizmī，9世紀）という人名が，ラテン語に訳
されるとき勘違いされて伝わったものなのだ．そして，
アル＝フワーリズミーが著した『ヒサーブ・アル＝ジャ
ブル・ワル＝ムカーバラ（アルジャブルとアルムカーバラ
の計算の書）』[*11]という本の題名にあるアル＝ジャブルと
いう言葉が，アルジェブラという言葉の起源になってい

＊10　アラビア科学の歴史的重要性については，伊東俊太郎『近代科学
の源流』中公文庫（2007）を，またアラビア数学の詳しい解説について
は，ロシュディー・ラーシェッド『アラビア数学の展開』三村太郎訳，東
京大学出版会（2004）を参照．

＊11　Kītāb mukhtaṣar fī'l-ḥsāb al-jabr wa'l-muqābala.

る. この言葉は, 方程式の辺から負の項を消去するために両辺に同じ項を加えるという操作, つまり負の項を移項するという手順を表すものだ. ちなみに, アル＝ムカーバラは両辺から同じ項を差し引くこと, つまり簡約するという手順である.

　この本の内容においては, 遺産相続のときの相続金の計算方法が, その大部分を占めている. アラビア世界では, コーランの中で遺産相続について, 非常にこと細かな掟（おきて）が定められており, そのため人々は遺産を相続するたびに, 複雑な計算をしなければならなかった. アル＝フワーリズミーの本は, このような実生活に欠かせない計算のための実用的な指南書である. 今だったらさしずめ, デリバティブのような金融数学のための実用書の類いだったのかもしれない.

　しかし, この本が後にラテン語に訳され西側世界に伝えられるとき, 遺産相続関連の問題の部分はバッサリ落とされてしまったのである. 西側世界にとって, イスラム教の教義に特化した遺産相続の問題は, 興味ある問題ではなかったのであろう. その代わり, しっかり翻訳された部分には2次方程式の解法について書かれていた. それは2次方程式の解法という少々込み入った計算を, 一般人でも間違いなくできるようにするための解説である.

　この手の著作で重要な点は, それが本来は難しいはずであるものをパッケージ化して, 原理を知らなくても安

全に，間違いなく計算できるようにすることにある．つまり一言で言うと，計算パッケージの製品化である．デリバティブの実用書についてなら，その背景にある伊藤積分とか確率過程についての理論的な部分をパッケージ化することで，たとえそれらが理解できなくても，安心して金融商品の開発に応用できるということが大事なわけだ．これによって，より多くの人々が実用に用いることができたり，数学に親しむこととなって，数学を知る人々の層が広がり，数学自身の発展のためにも有効である．

　同じようなことは，数学の研究の世界でも言える．最も新しい理論などは，それが発表された当初は大抵非常に難しく，理解できるのは世界で何人とか言われるものである．しかしその後，その需要に応じて様々な人々による解説書が書かれるようになると，次第に技術的に困難な部分はパッケージ化されて，取り扱いやすくなってくる．その際最も重要なのは「素人が扱っても間違わないで，安心して使える」ものが提供されることだ．こうなることで，その分野に多くの人々が参入し，その発展に多大な寄与をもたらすことになるのである．例えば代数幾何学や数論幾何学が20世紀後半頃から急速に発展し，後述（第11章）のワイルスによるフェルマーの最終定理の解決などにも到った重要な理由の一つには，グロタンディークの EGA（*Éléments de Géométrie Algébrique*, 305頁に後述）という巨大な著作の存在がある．

「サルでもわかる……」とまでは言わないが,「初心者でも安心して遊べます」的な製品化は,単なる方便としてでなく,学問の発展のためにも重要である.

アル゠フワーリズミーの本にも,そのような性格を見てとることができる.彼はまず,今日の言葉で言う「移項」などの,方程式を扱う上での基本的な操作について説明し,これによって方程式をより簡単なものに還元することを指南する.実際に,アル゠フワーリズミーの本では,一般の2次方程式は六つのパターンに還元されており,その各々について解が与えられている.そこで与えられている解は,まぎれもなく「2次方程式の解の公式」である.この公式や,それにまつわる発展については,後の第8章で述べる.

アル゠フワーリズミーの本では,これら六つのパターンそれぞれに対する解について,図形的な解法による説明が付けられている.解を疑うものはそれを見て安心せよ,というわけであろう.ただ,この本においては,そのような解法の説明に主眼があったというよりは,むしろ実用的な計算指南の方に力点があったわけだ.

ただ,アル゠フワーリズミーの意図であったかどうかはわからないが,この本は歴史上重要な意義を持っていた.それは未知数計算の明確な方法を提示することで,後の代数学の萌芽となっているということである.

ギリシャ以来の伝統的な図形による計算や論証は,基本的に「見る」ということを決済の道具とした,視覚的

な直観に訴えたものである．それに対して代数学の方法
は，今日言うところの「数式」の概念が中心であり，そ
の変形などの機械的操作が重要となる．もちろん，ア
ル＝フワーリズミー自身，解の説明自体には図形による
証明を用いたように，彼の式変形による方法も最終的な
決済は「見る」ことであったのであるが，徹頭徹尾図形
によって議論するものに比べて，格段に機械的操作の割
合が増えたと言えよう．

　この方法論的革新の数学的意義には決定的なものがあ
る．というのも，ここでギリシャ的アプローチの数学と，
東洋的な計算術の数学が混じり合うことになるからだ．
つまり，「見る」ことによる数学の立場と，「計算する」
ことによる数学の立場がブレンドされたわけだ．それは
見かけほどには，うまく混じり合わなかっただろう．む
しろ，不連続と連続とか，数と量といったギリシャ以来
の葛藤を，ますます増幅することになったはずである．

　円周率の計算

　古代文明以降の数学史においては，各地で円周率の計
算が行われている．円周率とは，ご存知の通り，円周の
長さの直径に対する比で，通常 π と書かれる数である．
現在の我々なら，その値を

$$\pi = 3.14159265358979\cdots$$

などと書けるが，その近似をどこまで正しく求められる
かが問題であった．このような近似の正確さへの果てし

ないレースは，現在でも続いている．

　そもそもこのような数について，一体どのようなことがわかれば，我々はその数を「わかった」ことになるのかが，はなはだ不明瞭である．というより，基本的には決してわからないということを理解することの方が重要かもしれない．何しろ19世紀後半になって，リンデマン（Ferdinand von Lindemann, 1852-1939）によってπは超越数であることが証明されるからである．これは，円周率という数が，有理数を使って立てられるような，いかなる代数方程式の解にもならないということ，つまり代数的な手順では，どのようにしても有理数から円周率を作ることはできない，ということを意味しているからである．だから我々はどのようにしても，その数を「書く」ことはできない．近似や，少々難しい解析を使わなければならないのである．

　円周率の計算は世界各地で様々な時代にわたって行われており，それらが相互に何らかの関係があるのかどうかが興味あるポイントであるが，これについてもはっきりとしたことは言えないようだ．ただ，これらの計算手法や，その結果についてまとめてみると，大体，以下のようなパターンで歴史は進んだようである．

　まず最初の段階は，

　　　• 内接または外接する正多角形を設定して，その辺
　　　　の長さを実際に計算する．

というものである.

　この方法は, 円に内接または外接する正多角形を考え
て, その周長を求めるという素朴なものだ. アルキメデ
スのところでも述べたように, 正多角形の辺の数が多く
なればなるほど, 計算された値は実際の π の値に近付い
ていく. 具体的な方法としては, アルキメデスがやった
ように, 円に内接または外接する正多角形について, 各
弧の 2 等分を考えることで, どんどん正多角形の辺の個
数を 2 倍 2 倍に増やしていくというものである. アルキ
メデスや中国の劉徽は, 最初に正六角形から出発して,
次々に辺の個数を 2 倍 2 倍にしていくが, すぐ後に述べ
る日本の建部賢弘は正方形から出発している.

　これまでにもたびたび言及した『九章算術』では, 実
は π の値は 3 とされている. 『九章算術』巻第一問題 32
では, 円の面積の計算法として,

　　直径を自乗して, それを三倍し, 四で割る*12.

とあることから, それがわかる. 3 世紀に『九章算術』
に独創的な注釈を数多く書いた劉徽は, この前後の箇所
には特に多くの注釈を残している. 例えば, 上の計算法
のすぐ後の註にはこうある.

---

*12　『劉徽註九章算術』97 頁.

……［この面積は］実に円の内接十二角形の面積に等しい．したがってこれを円冪（円の面積）とすれば，やや少なきに失する．ゆえに私の新法により，直径を自乗し，百五十七を掛け，二百で割るべきである[13]．

これは，彼が円周率として $\frac{157}{50} = 3.14$ を用いよ，と言っていることに等しい．実際彼は，この引用の直前までで説明されている方法で，

$$3.14 + \frac{64}{62500} < \pi < 3.14 + \frac{169}{62500}$$

という結果を得ている．ここで彼は円に内接する正 96 角形と正 192 角形の周の長さを用いている．

先にも見たように，これに先立つこと 500 年ほど前にはアルキメデスが

$$3 + \frac{10}{71} < \pi < 3 + \frac{1}{7}$$

という近似を得ているが，これでも 3.14，つまり小数点以下第 2 位までは確定する，非常に優れた結果である．

祖沖之（429−500）は，劉徽の計算をさらに発展させ，

$$3.1415926 < \pi < 3.1415927$$

という近似を得ている．これは小数点以下第 6 位まで確

---

[13] 『劉徽註九章算術』97 頁．

定させるもので，真に偉大な結果である*14．祖沖之が
いかにしてこの結果を得たのかについては，残念ながら
資料が失われてしまっている．しかし，途方もなく多く
の辺を持つ内接正多角形について，彼が詳細な計算をし
ていたことは確実だろうと思われる．

　この方法によって円周率の近似値を求める上で重要な
ことは，辺の個数を2倍する各ステップでの計算がパタ
ーン化できれば，原理的にはいくらでも詳しい計算を続
けていくことができるということである．前述のように
アルキメデスは，このパターンと背理法の証明技術によ
って本質的に極限を用いた論証をすることで，円の基本
的な性質についての定理を証明していた．

　このように原理は簡単であるから，上のような計算は
それほど困難ではなかったと思われるかもしれない．し
かし，例えば3.14という小数点以下2桁まで正しい評
価を出したかったら，どうしても上のように正96角形
くらいの計算が必要である．かなり根気のいる計算であ
ろう．いや多分，根気だけでなく，計算術や数の本性に
関する見通しのよさがなければ，いかに原理的な計算方
法が既に獲得されていても，実際にできるとは限らない．
計算量と根気だけの問題では決してないと思う．いくら

----

*14　以上述べた近似は，どれもπの値を上と下の両側からはさみ込む
形の評価式であることに注意．例えば後述の和算においては，この配慮
がなかった．村田全『日本の数学　西洋の数学——比較数学史の試み』
ちくま学芸文庫（2008），21頁参照．

原理的には可能だからといって，現代のホモロジー代数における複雑な計算，例えばスペクトル系列の E_3 項や E_4 項を実際に計算しようとするのは，とても正気の沙汰ではない．

だから，原理はわかっていても，本当に計算できた人は，非常に少なかったに違いない．しかし，時代が下ってだんだん代数計算のための記号系が整備され，複雑な計算にも見通しが利くようになってくると，このような正気の沙汰と思われないような計算を，実際にやってのける猛者も出てくる．ファン・ケーレン（Ludolph van Ceulen, 1540-1610）は，その生涯のほとんどを円周率の計算に費やしたというから，大した根性である．彼は何と，小数点以下 35 桁まで求めた．

3.14159265358979323846264338327950288…

オランダはライデンの聖ペテルス教会には，ファン・ケーレンのこの業績の記念碑が，教会の柱の一本に掲げられている．そこにはファン・ケーレンの業績を紹介した文章を囲んで円周状に 35 桁の円周率が書かれている．

さて，円周率計算の次の段階は，

・π に収束する有理数の無限和や無限積を見付ける．

というものである．これは歴史的にも，かなり後にならなければならず，中世という時代区分からは外れるのであるが，ついでだからここで述べてしまおう．

例えばよく知られたところでは，後述のライプニッツが発見した

$$\frac{\pi}{4} = 1 - \frac{1}{3} + \frac{1}{5} - \frac{1}{7} + \cdots$$

がある．この式の右辺は，あるパターン——「奇数分の1」を順序よく並べること，符号が交互に入れ替わること——にしたがって分数を無限個足し合わせた形になっている．大事なことは，もちろん「無限個」ということだ．有限個の分数では，決して π を表せないからである．

実は，この式はあまり収束が早くないので，実際の計算には適さないのであるが，さらにこれを改良したものが次々と示され，円周率の計算に応用された．

日本人の活躍についても述べよう．日本を代表する和算家の一人である建部賢弘は，1722 年刊行の『綴術算経』の中で，円周率を小数点以下 41 桁まで求めている．ここでの建部の計算は，先行する関孝和の手法を発展させたものであるが，これは内接多角形の周長の段差を等比級数で近似するという，高度な数値解析的手法によるものだ*15（関孝和と建部賢弘については第 6 章で後述する）．さらに，後述（149 頁）する松永良弼は

$$\frac{\pi}{3} = 1 + \frac{1^2}{4 \cdot 6} + \frac{1^2 \cdot 3^2}{4 \cdot 6 \cdot 8 \cdot 10}$$

---

*15　森本光生・小川束「建部賢弘の数学——とくに逆三角関数に関する三つの公式について——」『数学』，第 56 巻第 3 号（2004），日本数学会編集，岩波書店，308−319頁.

$$+ \frac{1^2 \cdot 3^2 \cdot 5^2}{4 \cdot 6 \cdot 8 \cdot 10 \cdot 12 \cdot 14} + \cdots$$

という鮮やかな公式を得ている. 松永は上の式を用いて, 円周率を小数点以下 49 桁まで正しく求めることができた.

スペクトル系列が手軽に計算できるような日が将来やってくるのかどうかわからないが,「計算」ということ一つに注目しても, 確かに数学は進歩しているのである.

フィボナッチ

さて, この章の最後に, 中世から近代への過渡期の状況を代表する人物として, ピサのレオナルド (Leonardo da Pisa, 1170 頃−1250 頃), またの名フィボナッチを取り上げよう.

先にも述べたように, アラビア世界においていったん集約された数学の知識は, 12 世紀頃から北アフリカや当時のイスラム勢力圏であったスペインを通って, 次第に西側ヨーロッパに伝播されていった. ここから 16 世紀終わり頃の西洋の近代数学の始まりまでのヨーロッパは, ルネッサンスや新大陸発見, そして宗教改革へとつながる激動の時代である.

数学においては, アラビア世界からもたらされた数学書を次々に翻訳し, 吸収していった時代であった. 科学史上で最も決定的な重要性を持つ時節の一つ, いわゆる「12 世紀ルネッサンス」である[*16]. そして吸収された知

識の全体像が次第に見えてくる中から，近代西洋的数学の萌芽が芽生え始める．まさに中世ヨーロッパの数学は，古代地中海世界の数学をいったん束ね，近代へと新しい流れが生じる源であったのだ．その時代潮流の中で特に重要な点は，図形を使って幾何学的に論証するという古代ギリシャ以来の基本思想を改めて，できるだけ記号としての数を用いた算術による議論に還元しようという傾向である．言わば，代数的なアプローチで数学の証明を組み立てるというアイデアの萌芽が見られるわけで，ギリシャ的な仮説演繹法の方法論と，アラビア数学における代数学の技術とを融合させようという努力である．「計算する」ことと「見る」ことを，算術と仮説演繹法の「いいとこ取り」で統一しようという，多分最初の動きであろうと思われるが，その傾向性の本質は，もちろん，ピタゴラス学派の昔から続いているものだ．

　そのような重要な過渡期の時期である，中世ヨーロッパ最大の数学者がフィボナッチである．フィボナッチは，アラビア数学において顕著だった代数学を積極的に西洋に伝えた．例えば，その主著である『算盤の書（*Liber abaci*)』においては，ヒンドゥー・アラビアの記数法として 10 進記数法をヨーロッパに紹介している．そこでは「0」という数の重要性が，はっきりと認識されていた[*17].

＊16　伊東俊太郎『近代科学の源流』第 8 章.

　フィボナッチという名前で特に有名なのは，何と言ってもフィボナッチ数列であろう．これは『算盤の書』でウサギの問題として紹介されている．ウサギの一つがいから毎月新たに一つがいのウサギが生まれ，新しいつがいも生後一ヶ月でまた，新しいつがいを産み続けるとする．さて，そのつがいの数の推移はどのようなものであるか，というのが問題である．

　フィボナッチ数列の最初の数項を書くと，次のようになる．

　1，1，2，3，5，8，13，21，34，55，89，…

　その規則は簡単で，最初の二つは 1 であり，後は直前の二つを足し合わせた数が次に来るというものだ．だから，この数列は規則さえ知っていれば，いつでもどこでも正しいものをいくらでも多く書いてみせることができるような，数多くの数列のうちの一つである．

　フィボナッチ数列は，このように非常に簡単な規則で生成される無限数列であるが，それは現在においてもなお，多くの不思議な数の現象の源泉である．その一般項は

$$\frac{1}{\sqrt{5}} \left\{ \left(\frac{1+\sqrt{5}}{2} \right)^n - \left(\frac{1-\sqrt{5}}{2} \right)^n \right\}$$

と書けるが，ここでいきなり $\frac{1+\sqrt{5}}{2}$ なる難しい数が出

---

*17　フィボナッチの業績や，その歴史的意義については，例えばマイケル・S・マホーニィ『歴史の中の数学』佐々木力編訳，ちくま学芸文庫（2007）162 頁以下を参照．

てくるのも魅力的だ．この数は一般に黄金比などと呼ばれ，不思議なプロポーションを醸し出す数として有名である．

　フィボナッチ数列は，題材自体が簡単であるだけに，昔から研究者のみならずアマチュア研究家によっても，詳しく調べられてきた．現在でもフィボナッチ数列関連の数学に特化した学会が世界各地にあり，会員数も多い．根強い人気があるのである．

　例えば，フィボナッチ数列についての次の問題は，筆者の知る限り未解決である．

　p を素数とせよ．このとき，フィボナッチ数列の数を，すべて p で割った余りに取り替える．例えば，$p = 3$ であれば

　1，1，2，0，2，2，1，0，1，1，2，…

となる．

　このようにある数で割った余りだけに注目すると，この数列はそれを定義する規則性から，その数の並びに循環が起こることがわかる．例えば，上の $p = 3$ の例では，1，1，2，0，2，2，1，0 という数の並びが，いつまでも繰り返されるのである．

　そこで問題は，その循環する最小単位の長さを求めよ，というものだ．例えば，$p = 3$ では答えは 8 である．その長さを与える一般的な式が求まるか，というのが問題である．

第5章

カメに追いつくとき

ウィリアム・ブレーク『ニュートン』——ブレークは、
岩（自然）の一部でありながら、自然を客観視しよう
とするニュートンを描くことで、物質主義的科学観を批
判している。（ロンドン、テート・ギャラリー）

ヴィエト

　中世から引き継がれた西洋数学は，その後普及と熟成を重ね，次第に独自の体系を築いていった．その際，近代初期のヨーロッパの思想的，あるいは社会的背景，例えば後の自然科学の勃興を準備したような合理主義の萌芽が，その発展に影響を与えたであろうことは容易に想像がつく．実際，17世紀以降の西洋数学は，自然科学の発展と緊密に連関しながら発展していくことになる．そのような，自然科学と表裏一体の西洋数学という側面が強く浮き彫りになったのが，17世紀における，いわゆる「微分積分学」の発見である．

　この章では，この微分積分学の発展史についてまとめる．その前に，まずはその前史としてヴィエトの仕事を取り上げることにしよう．

　ヴィエト（François Viète, 1540－1603）は西洋における近代数学の始祖であると言える．1591年に発表した著作『解析技法序説（*In artem analyticam Isagoge*）』において，彼はいわゆる代数解析のアプローチのもとに，数学全体を統合しようという野心的なプログラムを提示した[*1]．その骨子は，線分や面積などの量についての学問であり，同時に自然数や有理数などの数についての学問

＊1　このあたりの歴史的・思想的背景についてはマホーニィ『歴史の中の数学』第4章が参考になる．

F. ヴィエト

でもあった数学を，代数的な算術に徹底的に翻訳してしまおうという考え方である．こうした思想的傾向は，以前見たピタゴラス派の基本思想「万物は数である」の中にも見られたものであるし，ヴィエト以後も「普遍数学」の掛け声のもとに，デカルトやライプニッツへと受け継がれていく．それは当然ながら「計算する」ことと「見る」ことの統合とも関わる，西洋数学の根本的思想傾向である．

　当時の時代背景を考慮した上でヴィエトの仕事を見ると，特に重要なことは，彼の導入した新しい代数学が，代数的算術として数の算術でなく，記号の算術という格調の高さを持っている点である．つまり，未知数のみならず，既知数をも記号で表すことで，代数学を記号のゲームに還元しようという方向性を，彼が打ち出したことにあるわけだ．

　ヴィエト以前にも，未知数を記号化するという発想は
あった．実際，前章に紹介したディオファントスの『算
術』は未知数記号を導入した最初の書物とされている．
しかし，既知数をも記号化したのはヴィエトが最初なの
だ．さらに，現在でも使われている「＋」や「－」とい
った記号も，ヴィエトが導入したものである．

　ヴィエトの代数解析の考え方は，当時の西洋世界の数
学に一つのパラダイムシフトをもたらしただろう．その
著書『解析技法序説』は広く読まれ，17世紀数学のス
タンダードとなっていたようである．ヴィエト自身が何
らかの数学の問題を解いたというわけではなかったが，
近代西洋数学のあけぼのにおいて，ニュートンやライプ
ニッツへもつながる，一連の大きな流れを創始した功績
は大きい．

微分学の萌芽

　先に述べたアルキメデスによる求積の方法は，非常に
成熟した積分学の始まりである．いわゆる微分積分学と
いう学問は，この他にさらに微分法というものを考え，
それらの間の関係を論じるというものだ．微分法が実質
上発見されるには，アルキメデスの時代からかなり時代
が下った，17世紀まで待たなければならない．

　アルキメデスの方法では，背理法を用いることによっ
て，極限や無限小といった本質的な概念をあからさまに
することなく，言わば間接的に使用することができた．

しかし微分法のためには，無限小の概念を多かれ少なかれ明示的に扱わなければならない．これが微分法の発見が遅れた理由である．そして微分法が発明された17世紀や，それに続く18世紀にあっても，無限小概念の理論的基盤には依然として脆弱なものがあり，多くの論争の種になり続けることになる．

　無限小の概念という発想そのものは，思想としては，ある程度西洋的精神の文脈の中で理解できるものである．その思想的な源流を，デモクリトスらによる原子論にまで求めることもできるであろう．そのような思想的傾向は，ガリレオの弟子の一人であったカヴァリエリ（Bonaventura Francesco Cavalieri, 1598−1647）による不可分量の概念にも，片鱗を見ることができる．しかし，これが西洋数学の方法論である仮説演繹法と整合するほどの，確固とした数学概念に成長するためには，かなりの程度の近代的概念装置が必要だったわけだ．

　17世紀における微分法の萌芽には，デカルト（René Descartes, 1596−1650）とフェルマー（Pierre de Fermat, 1601−65）の寄与が本質的である．デカルトは今で言うところの座標系の考え方を導入することで，図形を方程式で表すという視点を提示し，この方法が幾何学において極めて実際的で効果的であることを示した（図9）．例えば，平面上の半径 r の円は，中心を原点とするような座標 (x, y) を導入すれば $x^2 + y^2 = r^2$ という方程式を満たす点の集まりとして書ける．この考え方は実際非

R. デカルト　　　　　　　　P. フェルマー

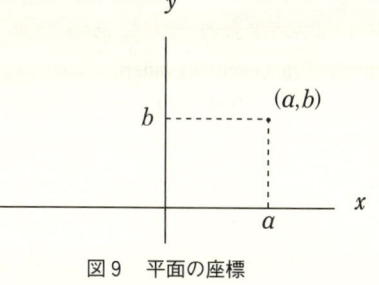

図9　平面の座標

常に強力で，これによって幾何学的な図形の取り扱いに
代数的な手法を導入することが可能となった．ここには
幾何学の算術化という，ヴィエトの野心的試みの継承が
見られる．言わば座標の導入は，デカルトなりの普遍数
学の試みの一環であると捉えられるわけだ．

　それはともかくとしても，このデカルトによる座標の
考え方は，結果として，函数を図形的に取り扱うという

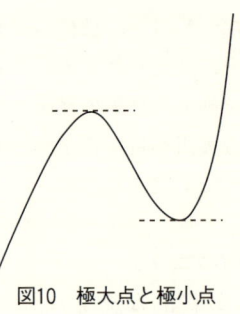

図10　極大点と極小点

発想をも可能にすることが，今は重要である．その見方によれば，函数 $y = f(x)$ の $x = a$ における微分を考えることは，$x = a$ での接線を考えるということに翻訳される．このフェルマーによって本格的に研究された，いわゆる接線法と，これによる極大・極小問題への寄与が，本質的に微分法の萌芽であるとしてよいだろう．つまり，函数 $y = f(x)$ の各点での接線を引く方法がわかれば，極大や極小を与える点は，この接線が水平になる点として特徴付けられるというわけだ（図10）．要するに，高等学校で学ぶくらいの基本的な微分法の考え方は，フェルマーによって既に得られていたのである．

　これだけ実際的で応用豊かな理論が既にあったのだから，微分法はそのまま，これらの豊かな応用や技術を重層的にまとめあげることで一つの体系に仕上げられても，数学理論としては十分充実したものになったであろう．しかし，西洋数学の精神は，そのような方向に微分法を

発展させなかった．やはり，技術の総和としてのものとは全く異質なもの，つまり部分の総和としてではない高い次元の整合性を備えた理論の構築へと向かうのである．それが，必ずしも実用や自然科学への応用などとは，関係ないものであってもである．

ニュートンとライプニッツ

微分積分学の最終的な発見は，ニュートン（Isaac Newton, 1643-1727）とライプニッツ（Gottfried Wilhelm Leibniz, 1646-1716）によって独立になされた．この場合の「発見」が何を意味するのか，というのは非自明な問題だが，それは後回しにして，とりあえず史実を追いかけることから始めよう．

ニュートンを微分学や積分学に導いた動機は，運動学や天文学といった，当時の自然科学のテーマにおける基本原理を数学の言葉を用いて記述しようとしたことにある．実際，ニュートンの微分積分学は，次の二つの基本的な視点をその出発点としている[*2]：

- 運動の，任意に指定された時刻における速度を見出すこと．
- 逆に速度の変化が時間の函数として与えられたとき，そこから運動を復元すること．

[*2] 『カッツ数学の歴史』575頁.

I. ニュートン

G. W. ライプニッツ

　これは，まさに運動という文脈における微分と積分の
考え方そのものだ．この二つが併置されていることに，
微分と積分が互いに他の逆演算になっているという，い
わゆる「微分積分学の基本定理」の発見が象徴されてい
る．
　ニュートンは彼一流の微分積分学の方法によって，リ
ンゴから惑星のレベルに到るまで，その自然の背後に潜
む，数学的な原理を解明することに成功した．

　　自然と自然法則は闇に隠れていた．神は言われた．
　　「ニュートンあれ．」こうして光があった．

とはアレキサンダー・ポープによる有名なニュートンの
墓碑銘である．

　ニュートンによる微分法は，いわゆる「流率」という概念を基本としている．これは現在の言葉で言うと，言わば時間パラメーター t による微分とでも言えるものであり，彼の微分法のアプローチが上記のように物理学を背景にしたものであることを物語っている．

　ニュートンが流率の概念に到達したのは，学位取得後，ロンドンで流行していたペストを避けるため，故郷のウールスソープへ戻っていた 1665 年頃である．次の年 1666 年に書かれた未発表論文には，「微分積分学の基本定理」の明確な表現が見られる．

　このように，ニュートンの場合の微積分は，そもそも運動学や天文学などに共通に横たわる原理を記述するための，非常に強力な道具として考えられたのであった．

　一方のライプニッツにおいては，例えば函数を微分するときに不可避的に現れる，微小量や微小変化といったものからオカルト的な要素を取り除き，できるだけ確固とした体系を築こうとしたことに，その出発点があるように見える．ボイヤーは言う：

　　自然科学者であったニュートンは，速度の概念を［微積分の理論の］基礎とすることに，彼なりに満足していた．その一方で哲学者であり，さらには自然科学者であるのと同程度には神学者でもあったライプニッツは，［その基礎を］微分の概念に求めた．……*3

　しかしライプニッツにおいても，この試みは成功した
とは到底言えない．実際，彼ら二人の仕事以降，微分積
分学はその基礎付けの脆弱さを，長い間多くの人達によ
って攻撃されることになる[4]．

　ライプニッツは1672年25歳のときに，マインツ侯の
外交使節としてパリに赴き，1676年まで3年半にわた
ってパリに滞在した．このとき知り合ったホイヘンスと
数学の議論を始めたことがきっかけとなって，本格的に
数学の研究を始める．ライプニッツによる微分積分学の
発見は，この3年半の間にそのほとんどがなされたので
ある．先にも述べた，有名な「π / 4 公式」

$$\frac{\pi}{4} = 1 - \frac{1}{3} + \frac{1}{5} - \frac{1}{7} + \cdots$$

は，遅くとも1674年には得られていたということであ
るから，まさにこのパリでの3年半は，ライプニッツに
とっても数学史にとっても重要な実り多いものであった
わけだ．

微分の考え方
　積分法は図形の面積や体積といった概念と直結するの
で，まだ説明しやすいが，微分の方はもっと難しい．や

＊3　Boyer, C.: *The history of the calculus and its conceptual development*, p.213.
＊4　同 213−223 頁.

はりニュートンが導入したように，運動の速度の概念に
よって説明するのがよい.

　例えば走行中の車の速度は，走った距離を所要時間で
割ることで，大体計算できる.「大体」と言ったのは，
こうして求めた速度は，言わば平均の速度だからである.
このように，速度というのは「距離÷時間」なのである
から，それを求めるには，実際に車をある一定の時間走
らせてその走行距離を求めなければならない.

　しかし，それと同時に我々は，車の中の速度計に示さ
れている「たった今の」速度なる概念も，何となく認識
しているだろう.しかし，本来は速度は上のように計算
するものである.確かに測定時間を短くしていけば，そ
の瞬間における速度に近付いていくだろう。それでも，
それは厳密には，その短い時間の間の平均速度にすぎな
い.一瞬一瞬の速度などというのは，本来パラドクシカ
ルな言い方である.それは走っている車の瞬間的状況を
写真に撮るようなもので，そこにはもはや運動は存在し
ていない.その意味では，まさにゼノンが言ったように，
飛んでいる矢は停まっているのだ.

　だから，このようなパラドクシカルな概念をまじめに
考えようと思ったら，どうしても微小時間とか，不可分
な時間といった考え方が必要となる.ニュートンの流率
概念も，そのような直観を基盤としていた.このままで
はオカルトになってしまうから，このようなものが人々
に受け入れられるためには，そのための基礎付けをしっ

かりやるか，もしくはそれが見かけ上はいかにもうさん臭く見えても，間違いなく正しい結果を導く概念であるという信念を時代精神が獲得するか，どちらかでなければならない．17世紀ヨーロッパ数学における微分積分学の発見は，全く後者の意味におけるものである．

これを，もう少し違った角度から見てみよう．例えば，滑らかにカーブした函数のグラフを考えよう．その上にある任意の点をとって，第3章でミロのヴィーナスに対してやったように，その点のまわりだけを拡大して見てみよう．まだ，ゆったりとカーブしているかもしれないから，もしそうなら，もっと拡大する．状況によっては顕微鏡でも持ち出してみよう．いずれにしても，そのようにどんどん拡大していけば，グラフはどんどん直線に似てくるだろう．つまり，接線に近付いていくのである．どんなグラフでも，それが十分滑らかならば，局所的にはもっとも簡明な「直線」，つまり一次函数のようなものだというわけである．

運動の瞬間速度を求めることと，函数のグラフの接線を求めることは，同じ数学的現象を二通りに言い表したものにすぎない．どちらも「変化率」，つまり変化の割合が問題となっているからだ．その意味では，大抵どんな函数のグラフも，どんどん局所的に拡大していくと，一次函数と大差なくなるという見方は非常に示唆的である．言わばこの「一次近似」こそが，微分の本質なのだ．

だから微分法も，基本的な考え方そのものは非常に自

然で，それほど難しいものではない．そこに何か難しさ
があるとすれば，それは徹頭徹尾「無限小」という概念
をどう正当化するか，という点に関わっている．

　この手の問題は西洋文化の感性にとって，古くから因
縁深いものだったと思われる．そもそも運動とは何か，
運動は存在するのか否かといった問題は，ゼノンやヘラ
クレイトス以来のギリシャ哲学の大問題であった．要す
るに，「無限小」概念の取り扱いの問題は，この時代に
なって初めて顕在化したような種類のものではなく，時
代を超えて敏感な人々の頭を悩ませてきた，極めて本質
的な問題だったわけだ．

　そうは言っても，ニュートンがそのような無限小概念
の基礎付けに，それほど気を配っていなかったことはほ
とんど明白である．それではライプニッツは，この無限
小というパラドクシカルな概念について，どのように考
えていたのであろうか．

　ライプニッツにとって無限小とは「仮想的なもの
（fictio）」であった．それは実在する何かではないが，数
学の議論のためには便利なもの，という位置付けである．
ライプニッツは，形式的な記号の組み合わせによる普遍
数学の夢を持っていた．そのような観点からは，仮想的
実体としての無限小の考え方は自然なものだっただろう．
この点で興味深いのは，ライプニッツが虚数と無限小を，
同等に仮想的だが同等に便利な数学的実体と認めていた
ことである．

É. カルタン

　いずれにしても，このような背景から，ライプニッツは，今日でも用いる *dx* という記号によって，積極的な無限小概念を，ためらいもなく持ち出している．微分 *dx* の概念を，仮想的で形式的だが極めて整合的で便利な実体と見なすという基本思想は，実は現代的な微分の概念にも通じるものだ．

　現代的な「*dx*」の解釈は，エリー・カルタン（Élie Joseph Cartan, 1869−1951）によって導入された，いわゆる微分形式としてのものが一般的であるが，そこでは *dx* は，ある種の規則にしたがった形式的なシンボルという位置付けである．もちろん文脈によってはそうではないこともあるが，その場合でも，*dx* は微分作用素のなす線形空間上に定義された線形形式（一次函数）という解釈であり，言わば一つの独立変数という扱いなのだ．それは本質的には「新たな記号」以上のものではない．

　しかし，ここまで徹底して単なるシンボルとしての無
限小を運用するには，それなりに確固とした数学的基盤
が必要である．何しろ，それは微分というものの「性
質」のみに注目し，それより他の出自や属性をすべてバ
ッサリ健忘するという，思い切った抽象化だからである．
無限小が不可分量であり「無限に小さい」量であるとい
う出自を忘れることができない限りは，その概念からオ
カルト的印象をぬぐい去ることはできない．そしてこれ
が，17世紀終わりから18世紀にかけて起こった，無限
小をめぐる一連の論争の火種だったのだ．

　有名なゼノンのパラドックスにちなんで言えば，アキ
レスがカメに追いつくとき，まさにそれが問題だ．その
後に残るのは，ルイス・キャロルが物語ったような論理
の罠*5ではないが，それはそれで形式主義的論理と直観
の間隙を衝いた，デリケートな問題である．

発見の意味

　上にも述べたように，ニュートンとライプニッツによ
って微積分が最終的に発見されたとはいえ，その数学的
な基礎部分に微分積分学が本性的に持っているオカルト
性は，長い間論争の種となった．しかし筆者としては，
そのような論争の歴史の細々としたことより，なぜそれ
でも彼らによって微分積分学が「発見された」というこ

＊5　32頁の脚注3参照.

とになるのか，ということの方が興味深い.

　ここでの「発見」は，数学ではよくあるタイプの，何か今まで解けなかった問題に対する，厳密で異論の余地のない新しい解答を与えた，という種類の発見とは全く性質の異なるものである．確かにそれは，多くの未解決問題へのアプローチを可能にしたであろうが，異論の余地のないものからは程遠い．また，それは便利な道具が発明された，つまり技術的な進歩がもたらされた，という意味のものでもない．そのようなものは，既にフェルマーが，かなりの程度見付けているからだ.

　一つの重要な側面は，先にも述べたが，彼ら二人が「微分積分学の基本定理」，つまり微分と積分が互いに逆の操作になっている，ということを発見したことにある.

　しかし，それをも含めた，多分もっと重要な点は，彼らが函数の和や積の微分といった，様々な基本法則を立証していくことを通して，微分積分学という学問が，パラドクシカルな要素にまみれているとはいえ，一つの内的な整合性を持ったまとまった体系であることを強く信じることができたこと，そしてそれを人々に印象付けることに，それなりに成功したということではないだろうかと思う．つまり論理などのミクロ的側面ではなく，マクロ的大局的な認識能力に訴えることで，その理論の存在感が信じられるようになったからだと思われるのだ．その信心のよるところは，ニュートンの場合には運動学や天文学への応用に見事に見られるような整合性であっ

たろうし，哲学者であるライプニッツにとっては，彼一流の哲学的，あるいは形而上学的直観も手伝ったに違いない．

第6章

計算する魂

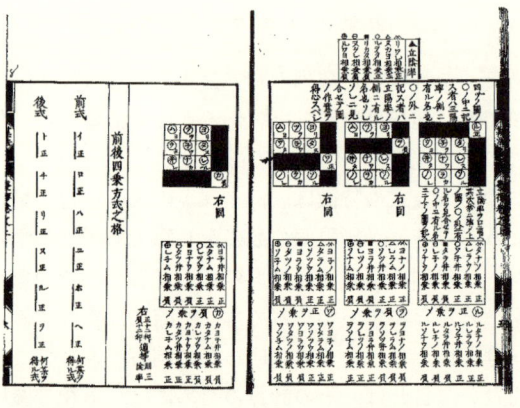

『算法発揮』——4次正方行列の行列式の展開による計算方法が，見事に図解されている．（東北大学附属図書館）

無限の計算

　ニュートンとライプニッツによる微分積分学の発見以降，怪物的な19世紀数学が本格的に始動するまでの約1世紀半には，主に微分積分学の発展的展開の中で，数々の深みのある理論が構築された．西洋におけるこの時代の代表的存在は，やはりオイラー（Leonhard Euler, 1707-83）であろう．

　この時代は，無限個の項を持つ式，例えば無限級数と呼ばれるものについての計算を，人々がオッカナビックリ始めた時代である．そのようなものには，例えば，

$$1 + a + a^2 + a^3 + \cdots = \frac{1}{1 - a}$$

がある．これは等比数列の和の公式というもので，高等学校でも，理系の数学では教わるものであるから，見たことのある読者も多いだろうと思う．

　このような式の特徴は，例えば上の式の左辺に見られるように，それが無限個の数のたし算であったりすることだ．無限個のたし算そのものは，どんなに時間をかけても，どんなに急いでやっても，実際には実行することができないから，そこには何らかの洞察が入ってこざるを得ない．言わば，その計算のためには，単なる機械的な計算術よりもはるかに高度な見識が必要とされるような代物なのである．

　このような「無限の計算」についての当時の時代背景

を考える上で非常に重要なのは，1689年から1704年にかけてヤコブ・ベルヌーイ（Jakob Bernoulli, 1654-1705）によって著された5本の連作論文である．ここでは，当時の数学水準における無限級数のテクニックの集大成が与えられている．言わば無限の計算を，それほどオッカナビックリしなくてもできるような，体系的な基礎付けを行ったものだと言えよう．この著作自身の独創性は，確かにそれほど高いものではない．しかし，このような仕事には，先に述べた計算のパッケージ化と同様の価値があるのだ．実際，オイラー（この章で後述）はその恩恵に与ったおかげで，のびのびと無限の計算をすることができたし，こうした背景があったからこそ，ずっと後にはフーリエ（Jean Baptiste Joseph Fourier, 1768-1830）による三角級数展開の発想もあり得たのだろうと思われる．

　ところで，無限の計算というトピックについて言うならば，この時代の日本においても，非常に進んだ理論が展開されていた．それは和算における極めて印象的な理論，いわゆる「円理」を創始した建部賢弘（1664-1739）の仕事や，それに続く人々の仕事に見られる．もちろん，この発展の背景には，和算における時代を超越した数学者，関孝和（1642?-1708）がいる．

　この章では，特にこの「無限の計算」という主題を通して，この時代の西洋と東洋の数学者たちの活躍について概観しよう．

L. オイラー

オイラー

E. T. ベルによると[1]，コンドルセはオイラーの死を
「計算の中止」と表現した．それほどまでにオイラーは，
ほぼその全生涯を通じて，凄まじいまでの計算を続け，
数学の歴史上類例を見ないような途方もない生産力を発
揮した．オイラーが存命中に出版した論文や著書は530
点にものぼり，その他にも膨大な数の遺稿を残した．サ
ンクトペテルブルクのアカデミーは，これらの遺稿を出
版するのに，オイラーの死後47年もかかった．スイス
の科学アカデミーが前世紀初めに着手した，オイラーの
仕事の全集（*Opera Omnia*）の編集作業は，世紀が替わ

---

[1] E. T. ベル『数学をつくった人びと』上，田中勇・銀林浩訳，東
京図書（1976）157 頁.

図11　10 スイスフラン紙幣に描かれたオイラー

った今なお続いている.

　オイラーは 1735 年に片目を, 続いて 1766 年には両目
とも失明した. しかし, このことはオイラーの生産性を,
少しも妨げることにはならなかった.

　オイラーの全生涯を通じての仕事を概観することは容
易ではない. というより, 不可能である. あまりにも多
くの分野で仕事を残しているからである. そのいくつか
については, 彼の仕事は最終的な解決を与えるものであ
ったし, また他のいくつかについては, 全くオイラーが
その分野の創始者であった.

　それでもオイラーの業績が足跡を残した, いくつかの
分野の名前だけでも挙げてみよう. オイラーは微分積分
学の, ニュートンやライプニッツによる英雄的発見以後
の重要な発展を担う, 膨大な仕事を残した. この延長線
上にあるのが, 例えば, 有名なオイラーの公式

$$e^{i\pi} + 1 = 0$$

である. また, 振動弦の方程式の初期条件をめぐる有名

な論争から，函数概念の基礎について，鋭い洞察を残している．整数論における業績にも，全く非凡なものがある．例えば偶数の完全数についての定理は，古代ギリシャ数学以降全く進展のなかった問題に，驚異的な進歩をもたらした．いわゆる超幾何函数やその積分表示は，後代においてその本質的な意義が明らかとなる．多面体定理として知られる法則は，後の位相幾何学という，図形の定性的な特徴を扱う幾何学の先駆けである．ケーニヒスベルクの橋の問題から生じたオイラーの洞察は，組み合わせ論やグラフ理論と今日言われるものの草分けである．分割数などの組み合わせ的な数の数え上げには，母函数という，べき級数を用いる方法を導入した．今日言われる解析的数論を創始したのもオイラーである．ゼータ函数のオイラー積表示は，素数の解析的取り扱いへの道を開いた，等々．

　とにかく，全くあきれてしまうほどの多さである．しかもそれらの中に，後年の数学研究に重要な影響を与えたものが少なくなく，まさに超人的である．もし神がいるなら，神は今でも最高傑作の脳を作ったことを誇りにしているであろう．

　オイラーは10スイスフラン紙幣の表面に，その肖像が描かれているので，少なくとも顔だけはスイス人にはお馴染みであるはずだ．オイラーの出生地であり，スイス最古の大学があるバーゼルには，今でもオイラーの頃からある小さな講義棟が残っている．特に目立った外装

もない，いたって地味な小屋のような建物だ．道行く
人々も，特にこれと言って好奇の目を向けることもなさ
そうなたたずまいである．現在では特別なときにしか使
われないらしいが，その教壇に立つ者は，誰でもオイラ
ーの踏みしめた床に立つことを誇りに思う．

ゼータ函数の特殊値

オイラーの仕事や生涯については，多くの書物が刊行
されている[*2]．興味ある読者には，これらの書物を参照
してもらうことにして，ここではオイラーの膨大な仕事
の一端ではあるが，極めて印象的なものの一つを紹介し
てみよう．それは次の公式である：

$$\frac{1}{1^2} + \frac{1}{2^2} + \frac{1}{3^2} + \frac{1}{4^2} + \frac{1}{5^2} + \cdots = \frac{\pi^2}{6}$$

この公式の驚異は，全く筆舌に尽くせないだろう．左
辺は1から始めて順々にそれぞれの2乗を考え，それを
分母とした分数を足していったものにすぎない．それは
無限の和だから，何らかの神秘的な現象が起こるかもし
れない．しかし，だからと言って，右辺に見られるよう
な，円周率πに関係したものと等しくなるとは，全く予

＊2　例えば，W. ダンハム『オイラー入門』黒川信重・百々谷哲也・
若山正人訳，シュプリンガー数学リーディングス，シュプリンガー・フ
ェアラーク東京（2004）や，黒川信重『オイラー探検——無限大の滝と
12連峰』シュプリンガー数学リーディングス，シュプリンガー・ジャ
パン株式会社（2007）など．

想がつかない．円周率のような，円という図形にまつわ
る幾何学的な数が現れてしまう背景を，左辺からは想像
することすらできない．全く，驚異的な式である．

公式そのものも驚異的だが，これを発見したオイラー
も驚異的である．左辺の無限和を求めるというのは，オ
イラーが生きていた頃の，数学の難問の一つであった．
オイラーは長い年月をかけ，少しずつ近似計算や，洞察
を積み重ねていき，最終的に三角関数の無限積表示とい
う，これまたオイラーのシンプルだが大胆なマスタース
トロークにより，ついにその値を求めたのである．

この式の左辺の無限和は，一般にゼータ関数と呼ばれ
る関数の変数 s に，$s = 2$ を代入したものである．この
$s = 2$ での特殊値が，右辺で与えられるということを，
この公式は物語っているわけだ．オイラーはさらに，s
が任意の偶数のときの特殊値をも求めている[*3]．その公
式には，いわゆるベルヌーイ数と呼ばれる重要な数が現
れる．

既にオイラーは，このゼータ関数が素数の振る舞いに
ついての整数論的な情報を持っていることを示していた．
このことは，後にリーマンによってさらに神秘的なレベ
ルにまで高められる[*4]．この文脈で眺めると，先のオイ
ラーの公式は，無限に多くある素数達が協力し合って円

─────────────

＊3　3以上の奇数のときの特殊値がどのような数であるのかは，未だ
によくわかっていない．
＊4　297頁参照．

周率というとても意外な数を作り出す，この上なく驚くべき式である．

　現代数学の視点からこれらの計算を見て感じられるのは，オイラーの天才的天真爛漫さである．ヤコブ・ベルヌーイによる基礎付けがあったとはいえ，極限や実数といった概念について真に信用のおける基盤があったわけではない．そのためには，本来，かなり大がかりな概念装置が必要である．上の公式を出すためのオイラーの方法は，正弦函数の無限積表示というもので，アイデアそのものは極めてシンプルなのであるが，その正当化にはそれなりの現代的装備が必要だ．しかし，オイラーの計算は，そのような思弁的な「理屈」に拘泥することなく，全くのびやかである．

　それどころではない．ゼータ函数についてのいくつかの法則から，オイラーは次のような「式」をも計算してみせる：

$$1 + 2 + 3 + 4 + 5 + \cdots = -\frac{1}{12}$$

$$1^2 + 2^2 + 3^2 + 4^2 + 5^2 + \cdots = 0$$

$$1^3 + 2^3 + 3^3 + 4^3 + 5^3 + \cdots = \frac{1}{120}$$

　これらの公式は，その後リーマンの仕事を通じて，複素函数論の進歩の中に初めて思弁的な論証の文脈を見出すことになる．しかし，こうした一見奇想天外な式の中にも，オイラーは何らかの真理の一片を見ていたことは

間違いない.

　オイラーの時代，まだ数学は正しさに対して良くも悪くもおおらかであった．そんな中でオイラーの計算は，体系の重さに縛られず，数学的真理にまっすぐ伸びた，真にのびやかな人間の想像力の姿を歴史に刻印している.

関孝和

　明治維新以後，西洋的な数学が輸入され，政府はその国民的浸透を奨励した．それ以前の日本には，鎖国の状況下で独自に発展してきた，和算という極めて高級な数学があった．この和算の歴史については，既に数々の出版物が出ており，筆者を含めた，どちらかと言えば西洋的文化一辺倒の空気の中で育った人々にも，次第に浸透しつつあるの感がある.

　和算は，明治以降の歴史の中で，一時は忘れ去られそうになった．そうではあっても，和算という伝統の存在は，維新後の日本が日露戦争までの短期間に驚異的な近代化を成し遂げることができたことと，決して無関係ではない．『関孝和全集』[*5]の茅誠司による序にも，鎖国当時の自発的でのびやかな数学文化の形成が，近代化に果たした役割について示唆されている.

　現在でも多くの日本人が数学に興味を持っているが，

＊5　『関孝和全集』平山諦・下平和夫・広瀬秀雄編著，大阪教育図書株式会社（1974）.

実は江戸時代の頃もそうであったらしい．京都嵯峨野の
角倉一族出身である吉田光由（1598−1672）の著作『塵
劫記』（1627年初版）は，様々な面白い数学の問題を，
世相に合わせて面白く解説した，言わば一般読者向けの
数学の啓蒙書である．これが当時の大ベストセラーとな
り，多くの海賊版が出現した．それに対抗するため，出
版社は次々と版を改訂しなければならなかったという．
昔から日本人は数学が好きなのである．

　一般に「和算」とは，江戸時代の17世紀半ば頃から，
日本の数学が中国の影響を脱して，徐々に独自のものに
成長していくに応じて用いられるようになった，日本独
自の数学に対する呼び名である．この和算という，日本
独特の数学の歴史の中でも，突出した数学者が関孝和で
ある．関について書かれたものとして，『関孝和全集』
の編者の一人，平山諦による序文から少し引用してみよ
う：

　　　関孝和は時代を超越した学者であった．孝和の術理
　　　の理解されないものが今日でも残されている．同時
　　　代のニュートンに較べると微分積分学にこそは到達
　　　しなかったが，ニュートンと同じ補間公式や方程式
　　　の近似解法を使っていた．行列式の世界最初の発見
　　　者でもあった．……

　関孝和は1642年頃に生まれたとされているが，詳し

いことはわかってない．ただ，旗本の家柄であった内山家の次男として生まれた彼が，後に関家の養子となり，1661年頃に甲府藩に仕官したとされている．4代将軍家綱の弟，綱重が甲府藩を治めていた関係上，甲府藩士は直参待遇であり，関ももっぱら江戸で官僚としての生活を送っている．その主な仕事は，基本的には勘定方であったらしい．

　関の数学上の業績は非常に多岐にわたり，しかも深いものである．その多くは関の死後，弟子たちによって出版された『括要算法』にまとめられている．

　関が行列式の発見者であった，と言われている背景には，関が多変数高次連立方程式の解法について，極めて格調高い見識を持っていたことが挙げられる．この点に関しては，関は世界中のいかなる同時代人も寄せ付けない，真に飛び抜けた存在であった．

　例えば x といった文字で表される未知数を用いた式，つまり方程式の取り扱いについては，関よりはるか前，13世紀頃には既に中国で，いわゆる「天元術」というものが開発されていた．豊臣秀吉の朝鮮出兵の頃，これについて書かれた朱世傑の『新編算学啓蒙』という書物が日本に入り，関が数学を学ぶ頃には日本にも普及していたものと見られる．

　ただし，この手法では一変数方程式しか扱えなかった．天元術においては，未知数は「天元」として，記述の上には明示されないからである．例えば「天元の一を立て

円径と為す」と言えば，円の直径を未知数とすると宣言することだったのである．したがって扱える未知数は一個まで，それ以上の未知数が出ることは，思いもよらないというわけだ．

関はこれを大幅に改良した「傍書法」という方法を開発したとされている．これによって複数の未知数を扱うことが可能となった．その際，未知数を次々に消去して，一変数方程式に帰着する，つまり今日「消去法」と呼ばれている操作を考えることを通じて，自然にいわゆる終結式や行列式の概念に到ったのだとされている．

もっとも，関が行列式について述べた著作『解伏題之法』では，5次のところで間違いがある．今日知られている，いわゆる展開公式によって，本質的にいかなるサイズの正方行列についてもその行列式を正しく求める方法を記した書物は，井関知辰によって1690年に書かれた『算法発揮』で，そこには今でも大学1年生の線形代数の教科書に載っていそうな図解によって，わかりやすく行列式の計算が説明されているから驚きだ．そして，多分この本が，申し分のない完璧さで行列式について書かれた，世界最初のものである．

『括要算法』の巻一に出てくる問題には，次のようなものがある（朶積術）．n を一般の自然数として，1から n までのすべての自然数を足し上げたら，答えは何か？これは有名な問題で，答えは $n+1$ に n をかけて，それを2で割ればよい．例えば1から100までの自然数の

総和は 101 × 100 ÷ 2 = 5050 である.

　では, 1から n までの自然数を, 各々2乗して足し上げたらどうなるか? これも高等学校くらいで習う. では各々3乗して足し上げたらどうか? 4乗では? いっそのこと, 一般に k 乗して総和をとるという計算結果を表す公式はあるだろうか?

　関はこの問題に見事に答えている. そこには, オイラーのところにも出てきた, いわゆるベルヌーイ数が出てくる.

　関はこの, 今日ベルヌーイ数と呼ばれている数を独自に発見し, 計算している.『括要算法』巻一の成立は, ヤコブ・ベルヌーイによるベルヌーイ数の発表に先立つこと一年前である[*6].

　関がその発見に到る道筋は必ずしも難しいものではないが, その理解のためには, それなりの忍耐が必要であろう. 興味ある読者は, 例えば『関孝和全集』の関係する箇所を参照されたい.

建部賢弘

　関は, 円という図形の数学的神秘に迫ろうとして, 円の弧長を厳密に表す公式を得るために大変な努力を傾ける. ここから, いわゆる「円理」という日本独特の無限

[*6] 今日ではベルヌーイ数のことを「関 - ベルヌーイ数」と呼ぶ数学者が増えているようである.

小解析の伝統が始まった．その初期の発展の中で，建部賢弘の仕事が特に際立っている．建部は『綴術算経』の中で，次の公式を得た：

$$\frac{\pi^2}{9} = 1 + \frac{1^2}{3 \cdot 4} + \frac{1^2 \cdot 2^2}{3 \cdot 4 \cdot 5 \cdot 6}$$

$$+ \frac{1^2 \cdot 2^2 \cdot 3^2}{3 \cdot 4 \cdot 5 \cdot 6 \cdot 7 \cdot 8} + \cdots$$

その計算のための基本的アイデアは，アルキメデスや劉徽において見られたような，内接図形による近似の考え方，いわゆる割円法を，微小な円弧に対して適用するというものだ．小さな円弧をいくつか計算することで，建部は右辺の無限個の項を，一つ一つ順々に探り当てていく．そこには西洋的な意味での論証があるわけではないが，具体的な数の計算——多分，実際の計算には当然ながらソロバンを使ったのだろうと思われる——で事実，このような格調高い公式を発見することができるという，真に素晴らしい実例である．

この，建部のアイデアによって飛躍的に高められた「円理」という方法は，その後の和算の発展の中でさらに進歩し，磨きがかけられる．後には松永良弼によって

$$\frac{\pi}{3} = 1 + \frac{1^2}{4 \cdot 6} + \frac{1^2 \cdot 3^2}{4 \cdot 6 \cdot 8 \cdot 10}$$

$$+ \frac{1^2 \cdot 3^2 \cdot 5^2}{4 \cdot 6 \cdot 8 \cdot 10 \cdot 12 \cdot 14} + \cdots$$

という公式をも与えられることになる．松永は，これに

よって円周率を小数点以下49桁まで算出した.

　この日本独特の考え方である円理は, その後も無限級数の巧みな取り扱いを発展させ, 多くの興味ある結果をもたらした. その立役者たちの中には, 安島直円（1732−98）や和田寧（1787−1840）といった人々がいる. 日本独自の高度で精巧な数学の形である.

健やかな好奇心

　和算の歴史についてのパイオニア的書物である『和算の歴史』[*7]の中で, 平山諦は「和算の性格」という興味深い章（14章）を設け, 和算と西洋的な数学の違いについて考察している. これは数学するという人間の行為から, 人間の精神的側面を垣間見るということとも関連しそうな内容を含んでいて, 筆者としては真に興味深い.

　平山氏は, 西洋数学にあって和算にない基本的な数学的装備として,

- 函数概念
- 座標概念
- 体系的記号系
- 角度の概念

の四つを挙げている. これらはこれらで, 全く慧眼であ

＊7　平山諦『和算の歴史──その本質と発展』ちくま学芸文庫（2007）.

ると言うべきものであるが，しかし，違いはそれだけな
のかという疑問も否めないのである．

　平山氏は次のように述べている：

　　西洋の数学発達の背後には自然科学があった．自然
　　科学の発達の必要に迫られて，数学が発達しきたっ
　　たのである．しかし，わが江戸時代には自然科学は
　　全くなかった……（中略）……和算発達のはじめか
　　ら終わりまでのうち，その発達を促した外部の力は
　　二，三にすぎなかった……（中略）……それなら江
　　戸時代200年間に，世界にもその比を見ないほど急
　　速に発達した和算の原動力は何に求むべきかという
　　に，私は数学を楽しむわが民族の精神をその基調の
　　一つと考えたい*8．

　この文章を読む人の多くは，それがデュドネによって
次のように主張されていることと，その基調を同じくす
るものであることに気付くであろう：

　　微積分学の誕生以来，解析学の重要な部分がすべて
　　力学，天文学，物理学の発展と密接に関係してきた
　　ことは確かに疑う余地がない……（中略）……以上
　　のことを認めたとしても，他の自然科学への応用と

_____

＊8　『和算の歴史——その本質と発展』190−191頁．

　　常に実り多く結びついている諸分野は，それらの重
　　要性にもかかわらず，現代の数学を分野別に見たと
　　きに多数派を占めるにはなお程遠い……（中略）
　　……もっと身近に考えて，非常に幼い頃から人間の
　　自然な好奇心を刺激し，機知に訴える遊びが発揮す
　　る普遍的魅力に注目しさえすればよい．……*9

　筆者の考えでは，数学を楽しむか否かということで，
数学行為の精神に洋の東西の差異を認めることはできな
いと思う．確かに関や建部の見事な計算が，純粋に数学
を楽しむというのびやかな魂から，極めて直接的に出て
きたものであることは疑い得ない．日本における和算の
発展が，この全く健やかでのびのびした好奇心からのも
のであり，その点が和算の発展に大きく寄与したことは
確かである．
　しかし，それと全く同程度の，この楽しむ精神を，西
洋の数学の歴史の中にも随所に見るのである．関や建部
がのびやかに計算するならば，それと同じくらいのびや
かな姿がオイラーにも，フェルマーにも，ディオファン
トスにも見られるであろう．
　近代以降の西洋数学の発展において，自然科学の存在
は確かに大きかった．数学の進歩が単調で直線的なもの

---

*9　デュドネ編『数学史I　1700−1900』上野健爾・金子晃・浪川幸
彦・森田康夫・山下純一訳，岩波書店（1985）10−11頁.

とならず，広い視野を獲得し，一般的な地平に理論を展開しようというはっきりとした傾向性を示せたのも，自然科学からの興味や要請が不断にあったからであるのは事実だ．しかし，それでもなお，デュドネが言うように，西洋数学は実用の用のために発展してきたとは言えないのである．自然科学的興味から見出された微分積分学においてすら，その発展の方向は，無限小の取り扱いにも代表されるような思弁的な側面が強い．

　だから，自然科学への有用性と好奇心からの無用の用，という二分法を西洋と日本の数学の違いに当てはめることはできそうにない．

　それでは，何が根本的に違うのか？

　和算と西洋数学の違いを論じる上で，よく引き合いに出されるのは，微分積分学の発見の有無である．しかし，後述するように，19世紀において初めて真に西洋数学が爆発的に進化していく姿を考慮すると，微分積分学の有無はそれほど重要なファクターではないと言っても，さして暴言ではないように思われるのだ．

　確かに建部賢弘の素晴らしい式は，一つ一つ手探りで見付けられたものであるから，その導出の方法は微分積分学の近代兵器に比べて原始的な印象を受けるかもしれない．しかし，微分積分学はあくまでも体系なのであり，それもその基礎がやや脆弱な学問体系であるにすぎない．それは問題を解く上で強力な方法論を提供したかもしれないが，新しい公式の発見に寄与するわけではない．発

見というレベルでは，本質的には手探り的な状況に変わりはないのである．

では，問題に対する視野の広さが違うのか，というと，それもあり得なさそうである．実際，この章で見たように，この時代の数学が目指したものは，洋の東西で共通するものが多く，かえって和算の方が結果として進んでいたことも多い．それどころか視点の格調の高さからしても，関孝和のような，全く時代を抜きん出ていた人もいたのである．

いずれにしても，目に見える範囲で冷静に比べてみて，あまり本質的な差異は認められないというのが正直なところだ．つまり，18世紀末までの状況に限って言えば，確かにユークリッドの『原論』や微積分の発見という，西洋的数学の西洋らしさを誇示するような事柄もあるが，基本的には西洋の数学と東洋の数学は互角であったと考えて差し支えないと思われる．

ただ，目に見えないレベルでは，大きな違いがあっただろう．中国数学の伝統から和算へとつながる歴史の推移は，西洋数学がたどるような地中海世界からアラビア世界を経て，西洋世界に流れ込む歴史の紆余曲折に比べて，はるかに直線的なものだったと考えられるからである．例えば和算は，学術技芸的な観点からは極めて高い水準のものに発達したにもかかわらず，他の分野の学問との交渉が薄かった*10．それに対して，西洋数学は自然科学や，さらには時の哲学思想とも常に絡み合いなが

ら発展している．その出自の複雑さから，西洋数学はその内部に算術と外延，形式と直観，あるいは離散と連続といった宿命的な二律背反を，常に抱えていたのだ．

その目に見えなかった深層の違いが，19世紀に入ってから急激に顕在化していくことになる．そして，その爆発的時代進行の先駆けとなる重要事件が，次章で概説する「非ユークリッド幾何学の発見」なのだ．この事件を境にして，歴史上初めて西洋数学が一世を風靡する時代，つまり19世紀以降現在までの約2世紀という時代が幕を開ける．

---

*10　例えば，小倉金之助『日本の数学』岩波新書（1940）91頁以降参照．

第7章

曲がった彫刻

エッシャー『滝』——各部分を局所的に見れば何の不思議もないが，全体を大域的に見ることで，初めて奇妙さに気付く。(All M. C. Escher works ©Escher Company B. V. -Baarn- the Netherlands/Huis Ten Bosch-Japan.)

西洋的精神固有の苦悩

　人類の歴史と同じく，数学の歴史においても，その時間軸を推移させるのは人間の情熱である．情熱のない歴史には，時間の概念がない．そして，こと数学においては，それら人間の情熱は，主に未解決問題への挑戦という形で発現されてきた．例えば第8章で述べる一般5次方程式の代数的可解性の探求や，この章で述べるユークリッド第5公準を証明する試みなどは，数学の歴史におけるそれら挑戦的問題の典型である．

　このような未解決問題が数学の発展をリードするという構図は，まさに数学の数学らしさ，つまりその人間的要素の一つであると言ってもよい．実際，その中には多くの人間的ドラマが内包されているのであるし，それがまさに歴史における一回性のものとして，「人間の数学」の特徴の一つを形作るからである．

　しかし，この章で述べようとしている「非ユークリッド幾何学の発見」という事件にまつわる物語には，実はそれ以上の重大な意義があると思われる．西洋数学の精神が非ユークリッド幾何学を最終的に発見するまでの道程は，大局的数学観の優位，つまりギリシャ数学から綿々と受け継がれてきた，西洋的精神特有の内的でまんべんなく等質的な整合性を持ったまとまりに対する鋭い感性が，本質的な困難にぶつかり，長い時間をかけてついにはこれを克服するというストーリーなのだ．言わば，

西洋数学が決定的な自分らしさを獲得する上での, 一つの重要な試練であったとも言えるだろう.

生き生きとした虚構

この章の扉頁に示したのは, 有名なエッシャーの『滝』という絵 (リトグラフ) である. まずは, この絵のミクロな部分を注意深く局所的に見てみよう.

画面のほぼ中央を落ちる水は, 水車の羽を動かし, 水路に沿って流れる. 水路のどの部分を拡大してみても, 特に何も不思議なものはない. 全く「自然な」流れである. それどころか, 水は幾分波打ちながら流れていくし, 水路の曲がり角では軽く水しぶきまで上がっていそうである. 真に生き生きとした流れである.

画面の右下には, 洗濯物を干す女性がいる. 全く日常的な様子である. 画面下には塀に寄りかかる男がいて, 水がしぶきを上げて落ちるのを, 何の気もなしに見上げている.

要するに, 部分部分で見る限り, 全く自然で何の不思議もない. そこに流れを認めるならば, 全く自然な流れというものであり, ギリシャ彫刻の部分部分がスベスベで, 何の変哲もないのと同じである. それどころか, そこには日常の生活や, 全く生き生きとした水の流れなどがあり, 画面左下の奇妙な植物たちに幻惑されないなら, 日常の一こまの切り取りに他ならない.

しかし, 視点を画面全体に向けてみると, 全く様相は

違ってくる．これは明らかに，この地球上の我々が普段見ている外界的空間にあるものではない．水路に沿って下っていると感じていたミクロレベルでの認識は，その全体的な構図にダマされていたとも言えるだろう．大域的に見れば，これは全くあり得ない風景である．

　では，ここで読者に問いたい．確かにこの絵は「この世」のものではないが，だからと言って，この絵が全く無価値だということになるであろうか？

　むしろ，この絵はこの絵自身の世界の中で，一つのまとまりのある整合的なものとして「実在している」と言えなくはないだろうか．世界の中の存在として「ある」というのが実存だというのなら，この絵の水車だって，世界の中に立派に存在している．それどころか，この絵の水車や，そこに落ちる生き生きとした水の流れは，ミロのヴィーナス像が自身をとりまく世界に一定の秩序と広がりを与えるのとほぼ同様な意味で，画面に切り出された空間に独自の広がりを与えている．

　ただ，その広がりや秩序といったものが，現実に我々をとりまくものとは，少々異なっているわけだ．エッシャーの絵が示していることは，すなわち，このような世界が一定の存在感を発しながら実在しているということなのだと思う．言わば，エッシャーの絵には，この「この世ならぬ」世界の存在を，我々に発見させるものとしての意義がある．

　またもやここで注意したいのは，この発見というのが，

論理や理屈によって証明される類いのものではない，ということだ．ここで発見されるべき新しい世界の意義は，最初にやったような画面の部分部分を丹念に検討していくという局所的な観察では，全く理解できないようなものである．ミクロ的な認識をいくら積み重ねても，この絵について何の意義も感じられないだろう．

　言ってみれば，このようなこの世ならぬ世界を思い描く想像力は，真にマクロレベルの認識能力に属するものなのだ．逆に言えば，大局的な価値認識がなければ，このような絵を見ても人間は何も感じない，もしくは全く相手にしないはずである．非ユークリッド幾何学の発見という事件にも，これと非常によく似たことが言える．

問題の本質

　それでは，本論に入ろう．まず最初に，そもそもの発端となった問題は，どのようなものであったのか見てみよう．そのために，今一度ユークリッドの第5公準（63頁）を思い出しておきたい：

- 公準5．二つの直線と，それらに交わる一つの直線が同じ側に作る内角の和が2直角より小ならば，その2直線はそちらの側の一点で交わる．

この公準の内容は，次のようなものであった．例えば図12のように，一つの直線（縦の線）に直交する二つ

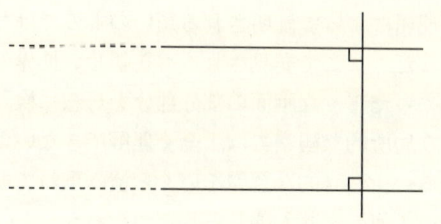

図12　平行線

の直線を考えよう．この状況では，これら水平な2本の直線は決して交わることがない．つまり，平行線ということになる．しかし，この2本の直線のうち，例えば上の直線を，ほんのちょっとでもずらしたらどうなるだろうか．縦線との交点を中心に，反時計回りに，それこそほんのちょっとだけ回してみよう．すると，公準の仮定「同じ側に作る内角の和が2直角より小」が満たされることになる．公準にしたがえば，このときこれらの横方向の直線は，上の図の左側に延ばしていけば，必ずどこかで交わる，というわけだ．

　問題は，この「ほんのちょっとでも」というところにある．例えば，本当に本当に微小にしか動かさなかったとしたら，直線が交わると言っても，上の図に書けるような場所では交われない．それどころか，途方もない遠くにまで行かなければ，本当に交わったかどうかなんて確かめられないだろう．天文学的な遠くにまで行っても，まだ交われないというような状況だって十分考えられる．つまり，このようなことは，本来，実験や観察では確か

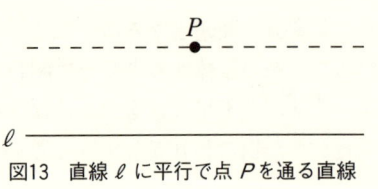

図13　直線 ℓ に平行で点 P を通る直線

めようがない．だからこそ，公準としてはっきり決め事
にしておく，ということなのであった．

　こう考えるとこの公準は，つまり，与えられた直線 ℓ
と，その直線上にない任意の点 P について，P を通り
ℓ に平行な直線はただ一本しかない，ということを主張
しているのに他ならないことがわかる（図13）．

　さて，ここからが問題である．非常に興味深いことで
あると思うのだが，ユークリッド以来多くの人々は，こ
の五番目の公準が公準として，つまり決め事として最初
から仮定されていることに不満だった．確かにそれは，
上に述べたように確かめようのないことではあるが，そ
れは正しいはずだ．ならば，公準 1 から公準 4 までを駆
使して，証明できるはずである．つまり，それは定理に
なるはずである．と，このように考えたのだ．

　もちろん，わざわざそんなことを問題にする必要はな
いだろう，と思われる読者もおられるかもしれない．も
し，公準の一つが他の公準から証明される定理となるの
であったら，それはその公準を公準として仮定する必要
がない，ということを意味している．そして，ここから

はどうしても美意識の問題となるのであるが，もしそうならば，やはり体系の全体性のあり方に関わる問題である．つまり，公準が過不足ないものとはならない以上，その体系の美しさが損なわれてしまうと考えられるわけだ．

　それだけではない．公準 5 はそれ以外の四つの公準に比べて，突出して長くて複雑である．公準は単純であれば単純であるほど好ましい．単純なものから出発して，一見単純ではなさそうな，より深いことが論証できるからこそ，体系としての意義があるのである．だから複雑な公準が回避できるなら，回避できるに越したことはない．

　実際，ユークリッドの『原論』第 1 巻におけるユークリッド幾何学の体系では，全部で 48 個ある命題のうち，命題 1 から命題 28 までと命題 31 は，公準 5 を用いないで証明が書かれている．明らかにユークリッド自身，公準 5 を使うことを極力避けていたわけだ．

18 世紀までの状況

　というわけで，多くの人々が公準 5 を，公準 1 から公準 4 を用いて証明することを試みた．ここで押さえておきたいのは，そもそもこのような問題意識自体が，体系を客体として理解したいという，西洋数学特有のものだということだ．体系やその整合性を一つのまとまりとして認識したいという感性的な欲求が，ここでは前提とさ

れている．だから，古代ギリシャ数学に強く影響された
西洋的数学の，数学的認識能力における「西洋らしさ」
がなければ，そもそもこのような問題意識を持つことか
らしてなかったであろう．逆に言えば，このような問題
意識は，西洋らしい数学のあり方からすれば非常に自然
なものであるとも言える．

　しかし歴史が物語るように，その解決は非常に困難な
ものであった．西洋的数学精神は，ここで，自分自身の
本性から出た本質的困難に直面することになったわけだ．

　その状況を簡単に概観しよう*1．公準 5 を公準 1 から
公準 4 を用いて証明することに，最初に取り組んだのは
ポシドニウス（Posidonius，前 135 頃−前 51）であったと
言われているが，その議論には，実は公準 5 を言い換え
たものを仮定しており，結果として問題解決の試みには
失敗している．『原論』への注解を書いたプロクロス自
身もこれに取り組んだが，ほぼ同様の失敗をしている．
その他，多くの人々がいるが，これらをいちいち書いて
はいられない．いずれにしても，1000 年以上の長きに
わたって誰一人これに成功してこなかったのである．

　そのような人々の中にはサッキエーリ（Giovanni
Girolamo Saccheri, 1667−1733）やルジャンドル（Adrien-
Marie Legendre, 1752−1833）もいる．彼らの試みも，い

＊1　小林昭七『ユークリッド幾何から現代幾何へ』日評数学選書，日
本評論社（1990）第 2 章.

かなる意味においても成功したとは言えないが，彼らは
次の特筆すべき定理を得た：

定理．三角形の内角の和は，２直角（＝180度）以
下である．

大事なことは，彼らはこれを公準5を使わないで証明
したということである．第3章のピタゴラスのところで
は，三角形の内角の和がちょうど2直角に等しいことの
証明を簡単に述べた．そこで述べた証明は，実は厳密に
検討してみると公準5が使われているのである．

ちなみにこの定理は，162頁の図12に描かれている，
2本の水平な直線が交わらない，つまり平行線であるこ
との根拠でもある．実際，これらがどこかで交わったと
すると，図にある縦の直線とともに三角形ができあがる
が，その内角の和は2直角よりも大きくなってしまって
矛盾となるからだ．

実は，公準1から公準4のもとでは，「すべての三角
形の内角の和が2直角である」ということと公準5は同
値なのである．だから公準1から公準4だけを用いて，
三角形の内角の和がぴったり2直角であることが証明さ
れれば，問題は解決したことになるわけだ．上の定理は
これにかなり肉迫しているように，当時の人々には見え
たであろう．

そこでランベルト（Johann Heinrich Lambert, 1728−

77) は，三角形 *ABC* の内角の和∠*A*＋∠*B*＋∠*C* と2直角πとの差

$$\delta(ABC) = \pi - (\angle A + \angle B + \angle C)$$

いわゆる「不足角」を研究した．$\delta(ABC) = 0$ ということが示されれば，公準5が証明されたことになる．彼はこれが0でないとして矛盾を出そうとしたのであるが，その道程で，次の極めて重要な定理を得る：

定理．不足角 $\delta(ABC)$ は，三角形 *ABC* の面積に比例する．

その比例定数が0であることを示したいのであったが，それについては，この定理は何も言っていない．実はこの定理は，後年「ガウス＝ボンネの定理」と呼ばれる重要な定理の，特別な場合なのである．

非ユークリッド幾何学の発見

18世紀の終わり頃には，若きガウス（Carl Friedrich Gauss, 1777−1855）も，平行線公準を他の公準から導くという問題に没頭していた[*2]．しかし，遅くとも1816年頃までには，ガウスは次のような認識に達していたと思われている．すなわち，公準5を公準1から公準4ま

＊2　ここから先の推移は，F. クライン『19世紀の数学』彌永昌吉監修，足立恒雄・浪川幸彦監訳，石井省吾・渡辺弘訳，共立出版（1995）の57頁以降による．

C. F. ガウス

でを使って証明することは，不可能であるということ.
逆に言えば，公準 5 を否定するような公準から出発して
も，矛盾のない幾何学体系を構築できるということ. こ
のことが，実際何を意味するのかについては後回しにし
て，とりあえず，その後の歴史の推移を続けよう.

　1818 年頃に，ガウスはゲルリンクから，シュヴァイ
カルト（Ferdinand Karl Schweikart, 1780−1859）なる人
物が新しい幾何学を発見したと主張していることを耳に
した. ガウスはその着想の中に，ガウス自身の結果があ
ることを確認して，自分以外にも同様の認識を持つ人物
がいることを非常に喜んだ. しかし，ガウス自身はこの
認識を公表することを控えていたし，シュヴァイカルト
にも公表を控えるよう警告した. 何しろ，非常に逆説的
に見えるような話である. 普通の人達にはとてもわかっ
てもらえないだろう，というガウスの強い絶望感がその

背景にある．それでも自分の身の回りの敏感な人々には，少しずつアイデアを漏らしていたようだ．もちろん，絶対の秘密を守ることを条件としてであったが．

それからしばらくして1832年に，ガウスの友人でハンガリー人のファルカス・ボヤイ（Farkas Bolyai, 1775－1856）が，自分の息子ヤノシュ・ボヤイ（János Bolyai, 1802－60）の業績として新しい幾何学の発見を公表した．

ガウスは父ボヤイに最高の賛辞を送り，同時にそれが自分も懐に暖めていたものに他ならないことを，驚きと喜びを込めて書き送ったという．子ボヤイはもちろん不愉快だっただろう．自分の発見だと思って自信たっぷりに発表したものを，既に学会での地位も確立している老練家から，それは自分も発見していたなどと言われたからである．しかもそれが虚言などではなく，本当のことなのだから始末が悪い．

子ボヤイにとってさらに悪いことには，実は既に1829年にロバチェフスキー（Nikolai Ivanovich Lobachevskii, 1793－1856）が同様の発見を，ロシア語で公表していたのであった．ガウスがこの事実を知るのは，ロバチェフスキーがドイツ語で自分の結果を発表した1840年以降のことであるが，ここでも，ガウスは熱狂的に喜んだということである．

その体系

さてここで，実際にロバチェフスキーやボヤイがやっ

F．ボヤイ　　　　　　N．ロバチェフスキー

たことを，簡単に概観してみよう．

　彼らがやったことを一言で言うとすれば，次のように
なるだろう．それは，平行線公準を積極的に否定するこ
と，そしてそれを出発点として得られる幾何学の全体像
がおぼろげながらでも見えてくるような，できる限りの
知見を得ることである．彼ら以前の人々と決定的に違う
のは，彼らが積極的に公準の否定を採用しようとしたこ
となのであって，実際に得られた知見そのものについて
は，ランベルトら過去の人々によるものとも共通点が多
いのである．

　平行線公準の否定から議論を始めるということは，つ
まり図12（162頁）の状況から，上の直線を回転しても，
少しくらいの回転なら下の直線とは交わらない，つまり
平行線であり続けると仮定することである（図14）．ま
た，これは三角形の内角の和は2直角よりも本当に小さ

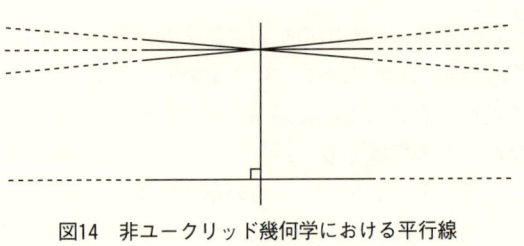

図14 非ユークリッド幾何学における平行線

い，ということを認めることでもある.

　これはちょっと気味が悪い，というか無茶な話だと思うだろう．しかし既に，平行線公準といえども，それは観察や実験で確かめられたという類いのものではないと述べたことを思い出そう．ロバチェフスキーやガウスは，ひょっとしたらこの世界（というか宇宙）では，平行線公準はウソなのかもしれないという認識すら持っていた．実はほんのちょっとくらいの回転なら平行線であり続けるかもしれない，単に近似的に平行線公準が成り立っているように見えるだけかもしれない，というのである．だからガウスは，実際に非常に大きな三角形を使って実験すれば，内角の和と２直角のズレを調べられるのではないか，とも思っていた．ロバチェフスキーに到っては，むしろこういった現実の実験を通して，非ユークリッド幾何学が否定されるかもしれないという見解を持っていたのである．

　ところで，ガウスによるその実験は，実は本当に実行された．ホーエル・ハーゲン，ブロッケン，インゼルス

ベルグの三つの山の山頂を結ぶ巨大な三角形を測量し，実際に内角の和を求めるというものだ．残念ながら，その不足角は測定誤差の範囲内であり，確固とした結論は出なかったのではあるが．

　この手の実際的アプローチの話で言えば，ガウスのこのような認識は，後の相対論的な宇宙観をある程度先取りしていたと言えるだろう．その意味で言うと，20世紀になって太陽重力の相対論的効果が実験で確認されたことは，ガウスやロバチェフスキーの夢を実現したものだとも言い得る．

発見の意味

　以上が，非ユークリッド幾何学の発見にまつわる史実とその内容を，ざっと概観したものである．史実はこうなのであるが，ここで読者の中にも疑問に思う人が多くいると思う．新しい幾何学の発見とは，一体何を意味するのだろうか？　よく非ユークリッド幾何学はロバチェフスキーとボヤイによって「発見」された，と言われるのであるが，この場合の発見とは何なのか？　これは考えれば考えるほど不思議である．

　実際にロバチェフスキーやボヤイが示したことは，平行線公準がその他の四つの公準から独立であることとか，平行線公準を否定した公準から出発しても，矛盾のない幾何学体系が構築できること，などと言われている．しかし正確に言えば，前者についても後者についても，そ

う言い切ってしまうのはかなり無理がある.

　彼らがやったことそれ自体は，先にも述べたように，平行線公準の積極的な否定から，できるだけ豊かな幾何学的内容を得るということである．だからそれは，何らかの意味で非ユークリッド幾何学なる体系が存在することを論証したわけでもないし，その公理系が無矛盾であることを論証したわけでもない．実際，第 12 章で述べるように，後にはクラインやポアンカレによって非ユークリッド幾何学のモデルが，ユークリッド幾何学の中で構成されることになるが，これは「ユークリッド幾何学が無矛盾ならば，非ユークリッド幾何学も無矛盾である」という相対的な無矛盾性を示したことにすぎないし，しかもこれは 19 世紀も後半の話である．つまり，いかなる意味においても，ロバチェフスキーやボヤイが非ユークリッド幾何学の存在や整合性を「論証した」ことには決してならないのだ.

　そもそもユークリッド幾何学についても，本来は同様のことが言えるはずであった．ユークリッドは，ユークリッド幾何学の体系を構築し，それが豊かな幾何学的内容を持つものであることを明らかにしたが，そのような体系自体が無矛盾であるとか，実在するとかいうことを論証したわけではない．というより，そのようなことは不可能である[*3]．だから我々がユークリッド幾何学とい

[*3] 『数学する精神』第 4 章 97 頁付近を参照.

う体系が実在すると感じるのは，そのような論証的な問題ではなく，感性的なものである．ミロのヴィーナスという彫刻の存在感や，エッシャーの『滝』の世界の存在感と，本来同等の精神的効果であると言ってよい．

　したがって，非ユークリッド幾何学の発見の意味について考えるなら，微積分の場合（133頁）と同様に，この場合も理屈を超えた，大局的な価値認識によるものと判断されなければならない．それを幾分わかりやすく，美術作品に喩えて説明してみるなら，おおよそ次のようになるだろう．非ユークリッド幾何学を発見した人々，つまりロバチェフスキー，ボヤイ，そしてガウスは，ギリシャ彫刻のようにどこもスベスベで，自然な局所的流れを持っていながら，例えばミロのヴィーナスなどのような，この世の彫刻とは全く違う全体像を持った，言わば「曲がった彫刻」とでもいうべきものを，想像力たくましく「見た」のである．いや，彫刻そのものというより，それをとりまく空間自体が曲がっていたのだ．それはエッシャーの『滝』の世界に似て，どんなに現実の世界からかけ離れて見えようとも，それ自身の内的な整合性と一つのまとまりとしての確固とした存在感を醸し出していたのだろう．

　それはまさに見事な全体性とでも言うべきものであった．しかしその存在感が，彼ら以外の一般の人々にも浸透するには，ガウスが恐れていたように長い時間がかかったのである．実際，非ユークリッド幾何学が一般の数

学者にも広く認知されるようになったのは，早くとも
1860年代のことであった.

　この章の扉頁に示したエッシャーの絵が，非ユークリ
ッド幾何学の空間を表したものであるというわけではな
い. この絵を持ち出したのは，あくまで比喩にすぎない.
しかし，このようなアナザーワールドの不思議な存在感
は，非ユークリッド幾何学を最初に「見た」人達の感覚
と似たものがあると思われてならないのである.

プラトンの三つ組

　非ユークリッド幾何学と関連した，もう一つの歴史の
流れについて，かいつまんで説明しようと思う[*4]. それ
は「プラトンの三つ組」と呼ばれ得る三つの自然数の組
(a, b, c) に関する話である[*5]. これは2以上の自然数
三つで，

$$\frac{1}{a} + \frac{1}{b} + \frac{1}{c} > 1$$

を満たすようなものの組 (a, b, c) である.

　このようなものを全部求めることは，実はそれほど難
しいことではない. それらは実際，

$$(2, 2, *), \quad (2, 3, 3), \quad (2, 3, 4), \quad (2, 3, 5)$$

---

*4　この項に紹介することは，図形や数式なども出てくるような少々
入り組んだものであるが，後のストーリーには関係しないので，飛ばし
てもらっても差し支えない.
*5　54頁に述べたピタゴラスの三つ組とは関係ない.

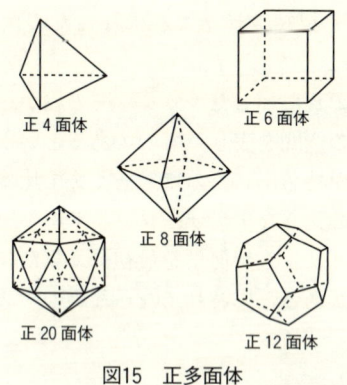

正 4 面体

正 6 面体

正 8 面体

正 20 面体

正 12 面体

図15　正多面体

で, *a, b, c* の順番の違いを除いて尽くされる. ここで
「∗」はどんな数でもよいという意味である.

　これがプラトンの三つ組と呼ばれる理由は, それがプ
ラトンが対話編『ティマイオス』で取り上げた, いわゆ
る正多面体と密接な関係にあるからである.

　正多面体とは図 15 に示したような, 各面がすべて合
同な正多角形になっているような立体のことで, 図に示
した, 正 4 面体, 正 6 面体, 正 8 面体, 正 12 面体, 正
20 面体の, 合計五つしか存在しない (ユークリッド『原
論』第 13 巻命題 18).

　一般に正多面体があったとき, その一つ一つの面の重
心と各辺の中点, さらに多面体の頂点を結んで図 16 の
ような直角三角形ができる. このことを, 正多面体を球
面だと思って球面上で行ってみよう. 正確ではないが,

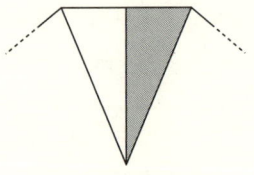

図16　面の重心細分

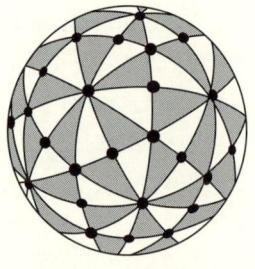

図17　正20面体による球面のタイル張り

サッカーボールのようなものを考えるわけだ（図17参照）．得られた直角三角形の内角を

$$\frac{\pi}{2}, \frac{\pi}{p}, \frac{\pi}{q}$$

とすると，その和は2直角より大きくならなければならない．というのも，一般に球面上に書かれた三角形の内角の和は，2直角よりも大きくなるからだ．したがって，$(2, p, q)$ はプラトンの三つ組にならなければならない．そして，実はこのことが，正多面体が上述の五つしか存在しないという事実の証明の鍵である．

　ところで，以上のことを逆に見ると，これはつまり内

角が $\frac{\pi}{2}$, $\frac{\pi}{p}$, $\frac{\pi}{q}$ で与えられるような球面上の直角三角形で，球面がきれいにタイル張りできたことになる．図17に，正20面体の場合のタイル張りを示した．

(a, b, c) がプラトンの三つ組であるということは，$\pi - (\frac{\pi}{a} + \frac{\pi}{b} + \frac{\pi}{c})$ の値が負であること，つまり，三角形 ABC の不足角 $\delta(ABC)$ が負であることを意味している．これは考えている三角形が，平面上の三角形ではなく，球面上の三角形であることを示しており，そのため正多面体と関連していたのであった．第12章で述べることであるが，この $\delta(ABC)$ という量は空間の曲がり具合，いわゆる「曲率」というものと密接に関係したものである．

では，$\frac{1}{a} + \frac{1}{b} + \frac{1}{c}$ の値が1に等しかったり，1より小さいときは，それぞれユークリッド幾何学，非ユークリッド幾何学における三角形を表すであろう．

例えば $(3, 3, 3)$ の場合はその値は1に等しい．この場合に考える空間はユークリッド平面で，対応する三角形は正三角形である．そして，上では球面の三角形によるタイル張りができたのと同じように，これによってユークリッド平面を三角形でタイル張りすることができる．今の場合は難しくなく，単に平面を正三角形でびっしりタイル張りしたものができる[*6]．

[*6]　非ユークリッド幾何学においては，三角形の内角の和は2直角よりも小であったことに注意．例えば170ページ参照．

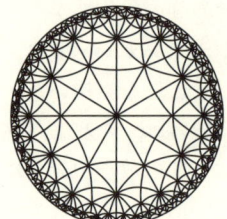

図18 (2, 4, 6) 型のタイル張り （右）『Circle Limit Ⅳ』(All M. C. Escher works ⓒEscher Company B. V. -Baarn- the Netherlands/Huis Ten Bosch-Japan.）

　では，非ユークリッド的な場合はどうか．この場合は，非ユークリッド的な平面を埋め尽くす三角形タイルが描けるはずである．これを (2, 4, 6) という三つ組の場合に，ポアンカレモデル*7（いわゆるポアンカレ円盤）に描いたものが図18の左側である．三角形が「曲がっている」様子が，よくわかると思う．これらの三角形は，円盤の縁に近付けば近付くほど小さくなっていくが，それは非ユークリッドの世界を無理矢理ユークリッド的に目に見えるようにしたために起こったことで，本来はどの三角形もすべて合同である．有名なエッシャーの絵『Circle Limit Ⅳ』は，このタイル張りをもとにして描かれている（図18右）.

　ポアンカレはフックス型微分方程式のモノドロミー群

＊7　ポアンカレモデルについては後述する（290頁）.

という，言わば微分方程式の解の間の対称性が，まさに今述べたような，球面や平面やポアンカレ円盤のタイル張りの対称性と同等であるということを見抜いた．ここに見出されることになる数学的内容は，函数論，整数論，幾何学など，言わばほとんどすべての数学の分野にまたがる，極めて豊穣な数学的土壌であった．

　その意味で，非ユークリッド幾何学の発見は，絢爛たる19世紀西洋数学の幕開けを飾るにふさわしい，一時代を画する大事件であったのである．それはピタゴラス派による通約不可能性の発見以来の体系の危機，あるいは「体系概念の刷新」とでも言うべきものであった．これ以後現在に到るまで，体系全体の存在感に関わる同等の事件は，19世紀末から20世紀初頭に数学の基礎に関して生じた困難（後述260頁）の一回しかない．

第8章

見えない対称性

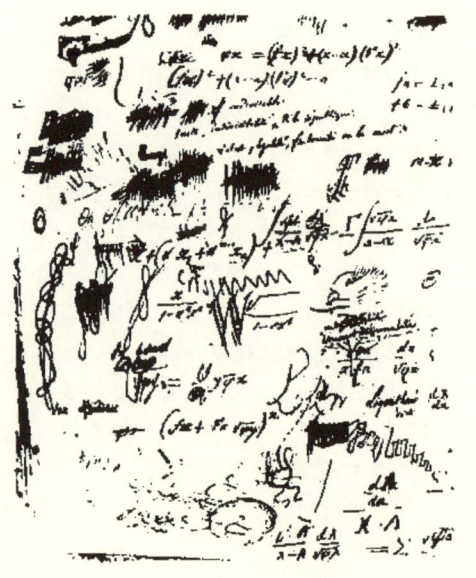

ガロアの手書きノート

2次方程式

2次方程式の解の公式は，多くの人にとって聞いたことのある題材だろう．方程式が

$$x^2 + ax + b = 0$$

なら，その解は

$$\frac{-a \pm \sqrt{a^2 - 4b}}{2}$$

で与えられる．

2次方程式の一般的解法についての歴史は非常に古く，バビロニアの粘土板にもいくつか確認されているし，『九章算術』にも系統的に扱われている[*1]．第4章では，9世紀頃のアル＝フワーリズミーの著書『ヒサーブ・アル＝ジャブル・ワル＝ムカーバラ』が，2次方程式の解き方指南を含んだ実用書であったことを見た．

さて，この章では2次方程式や，もっと一般の代数方程式の一般解法の歴史について述べようと思う．その歴史における，多分最も輝かしい成果は，いわゆる方程式の「ガロア理論」というものである．この章ではそれを概観することになるが，その前に一つの心理的準備として，次のようなお遊びをしてみよう．

今，ガロア理論は知っているが，2次方程式の解の公式は知らないという人がいたとする．そんな人は，いか

---

*1　ファン・デル・ヴェルデン『古代文明の数学』70頁.

にもいなさそうだが，無理矢理いることにするのである．
２次方程式の解の公式を数学教育から締め出せば，人々
は仕方なくガロア理論でも勉強し始めるだろうから，数
世紀もすればそのような人達ばかりになるであろう．

　冗談はさておき，そのような人（仮にＢさんとしてお
く）は，どのようにして上の２次方程式を解くだろうか．
何しろＢさんは，ガロア理論は知っていても，２次方程
式の解の公式を知らないくらいバランスの悪い人だから，
もちろんバビロニアや中国などの古代の解き方では解か
ない．

　Ｂさんは，考えている２次方程式が，たかだか二つの
解を持つことを知っている．彼はそれを，仮に α, β と
おくだろう．さらにＢさんは，いわゆる解と係数の関係
を知っている：

$$\alpha + \beta = -a$$
$$\alpha\beta = b$$

オッチョコチョイなＢさんは，まずこれを連立方程式
と見て，β を消去するかもしれない．しかし，そうする
ともともとの２次方程式に逆戻りするだけである．そう
なると，Ｂさんもことの難しさに気付き，少し落ち着い
て考え始めるだろう．

　最初に気付くのは，上の解と係数の関係の二つの式で，
左辺はどれも α と β を入れ替えても変わらない式にな
っている，ということである．この洞察は重要だ．その
理由はこうである．そもそも解の公式を作ろうとしてい

るのであるが，それはもともとの方程式を決めている二つの係数 a, b についての，何らかの式にならなければならない．ところが，a, b だけでは，二つの解 α, β を別々に扱うことができない．α と β を入れ替えてもよいのだから，この二つを分離できないのである．

　解を与えるためには，α と β を，それぞれ独立した数として扱わなければならない．もちろん，二つの解のうちどちらを α にしてどちらを β にするかというのは恣意的だが，どちらかを決めたら他方は自動的に決まる．しかしそのためには，二つの解がそれぞれ独立して存在しなければならず，二つで一組という状態では，いつまでたっても解にはたどり着けないのである．二つの解が，各々独立の個性を持つ世界に行かなければならない．解と係数の関係を連立させるだけでは，そのような世界に昇って行けない．だからBさんの最初の試みは失敗したのである．

　このことは，もう少し正確に言うと，次のようになる．a, b の四則演算（たし算，引き算，かけ算，割り算）だけでは，決して解の公式は得られない．何か，これらとは違う，別の操作が必要となるはずである．そして，それは α と β を入れ替えるという「対称性」と，何らかの関係にあるはずである．ここまでBさんは考えるに違いない．

　要するに α と β の入れ替えによる対称性が保持された世界にとどまっていては，これらの解を独立した数と

しては決して扱えない．だから，その対称性を崩さなければならない．しかし，やみくもに崩してもダメだろう．そこには「名人芸」がなければならない．となれば方程式道名人に入門して，滝に打たれるべきだとなる．

　もしBさんが全くの素人なら，本当に滝に打たれなければならない．多分，何ヶ月もかかるだろう．しかし，Bさんはガロア理論を知っているのであった．だから，Bさんは次のように考える．αとβの入れ替えによる対称性を崩すには，何らかの式の平方根をとればよい．つまり，その式の2乗はαとβの入れ替えによる対称性が保たれている世界に属するはずである（以上の推論はガロア理論からわかることである）．

　その式自体は対称的でなくても，その2乗は対称的な式，となると

$$\alpha - \beta$$

という式に注目すればよいことに気付く．

　確かに，この式においてはαとβの入れ替えという対称性は崩れている．しかし，その崩し方はなかなかうまい．というのも，αとβの入れ替えで，これは単に符号が変わるだけだからだ．だから，その2乗をとると，またしても対称的な式になる：

$$(\alpha - \beta)^2 = (\alpha + \beta)^2 - 4\alpha\beta = a^2 - 4b$$

この最後の式は，いわゆる「判別式」というものだ．Bさんのいる時代では，もはやこれを学校では教えてくれないのであるが，Bさんはこうして自力で，この重要な

式を発見するのである.

　ここまでくれば, 後はしめたものである. 実際,

$$\begin{cases} \alpha+\beta=-a, \\ \alpha-\beta=\pm\sqrt{a^2-4b} \end{cases}$$

という連立方程式を解けばよい. 実際に解いてみると,
冒頭の解の公式が出てくる.

　確かに a, b の四則演算だけでは解に到達しなかった.
それより他に「平方根をとる」という操作が必要なので
あった.

カルダーノ

　2次方程式が解けるとなったら, 今度は3次方程式を
解きたくなるだろう:

$$x^3 + ax^2 + bx + c = 0$$

2次方程式とは違い, 3次方程式の一般的な解法は, 古
代のどの文献にも載ってない. 格段に難しくなるからで
ある.

　3次方程式の一般的な解法を最初に見付けた人は, ス
キピオーネ・デル・フェッロ (Scipione del Ferro, 1465
−1526) という人であるとしてよいようである[*2]. デ
ル・フェッロの解法は発表されることはなかったが, 彼
の死後1535年頃に, タルタリア (Niccolò Tartaglia, 1500

[*2]　Struik, D.: *A concise history of mathematics,* p.112. また, 『カ
ッツ数学の歴史』407頁以降にも詳しい説明あり.

G. カルダーノ

-57) という人物が, 独立にこれを再発見していた.

　通説では, 秘密厳守を条件にタルタリアから解法を教えてもらったカルダーノ (Girolamo Cardano, 1501-76) が, 1545 年に発表した著書『アルス・マグナ (*Ars magna seu de Reguli Algebraicis*)』の中に, これをチャッカリ発表して涼しい顔をしていたことになっている. もちろんタルタリアは怒り狂い, カルダーノに「数学の鉄人」とでも言うべき公開試合を挑んだ. カルダーノはスタコラ逃げたが, 弟子のフェラーリ (Lodovico Ferrari, 1522-65) が迎え撃ち, 勝負はカルダーノ陣営の勝ち. どこまでもツイてないタルタリアと, てんでイイカゲンなカルダーノ, そして荒野のガンマンのようにカッコいいフェラーリの姿を印象付けている.

　もっともこの通説もちょっと話ができすぎで, 本当のところはカルダーノも, かなり慎重にタルタリアには気

を遣っていたらしい．カルダーノが約束を反故にしたの
は確かに事実だが，タルタリアに先立つこと 20 年も前
に，デル・フェッロが既に解法を見付けていたことを慎
重に確認し，その上，タルタリアのクレジットも忘れず
に述べた上でのことであった．

　当時は大学の教授職に就くための競争もあり，自分の
業績を秘匿することに，一定の理解はできる．とはいえ，
新しい知識を，できるだけ早く，しかも正確にわかりや
すく公表することは，学問の発展のための基本である．
そのための仕事は，発見自体に比べると地味であるが，
非常に重要であり，それなりの賞賛を得てしかるべきで
ある．そう考えれば，10 年もの間発表してこなかった，
あるいはできなかったタルタリアが，カルダーノの労作
にケチをつけるのもちょっと大人げない．

　さらに，カルダーノ自身の意義深い業績についても触
れておかなければならない．カルダーノは，虚数を歴史
上初めて積極的に扱ったパイオニアの一人であった．

　読者の多くもご存知と思うが，例えば $\sqrt{-3}$ のよう
に，2 乗して負の実数になる数を純虚数という．これは
長さや面積や個数を表す数では決してない．というのも，
普通の実数は必ず，2 乗すると 0 以上になるはずだから
である．そのような目に見えない数を，真に実在する数
として数学が認知するまでには，非常に長い年月がかか
ったが，遅くとも 19 世紀中頃には真の数としての市民
権を獲得することになる．

カルダーノが虚数や，一般に複素数と呼ばれる数を用いた理由には，３次方程式の一般解法が関わっている．その解法で解くと，最終的に実数の解が得られる場合でも，途中の段階では虚数が出てくるということがあるからだ．例えば，最終的に４という解を得る場合でも，これが

$$(2 + \sqrt{-1}) + (2 - \sqrt{-1}) = 4$$

という形で計算されるような場合である．

　２次方程式の場合は，判別式が負のときは「解なし」などと（若干曖昧に）言っていられたのであるが，今度の場合は，最終的にはちゃんと実数で解が出てくるのであるから，状況はそんなに単純ではない．もはや，虚数などというものは存在しない，と高をくくってはいられないのである．

３次方程式の解法

　３次方程式の一般的解法は，以上のようなわけで，現在ではカルダーノの公式と呼ばれている．これは大学程度の代数学の教科書には必ず書いてあるようなレベルのものであるが，高校までの数学ではまず出てこない．式そのものも，かなり複雑である．筆者も講義でこれを導いてみせることがあるが，大抵どこかで符号や数値を間違う．ここでその公式を書いて，読者を啞然とさせることもできるだろうが，そのようなことは趣味ではないのでやめておく．

　ただ，２次方程式の場合と同様に考えて，その解法の筋道を大まかに示すことはできるだろう．というわけで，仮にBさんがガロア理論は知っているが，カルダーノの公式は知らないことにするのである．これは２次方程式の場合に比べて，格段に現実味のある話となった．ただ，２次方程式の場合に先に述べた「滝に打たれない」解法が，古代バビロニアや中国のものではないのと同様に，ここでの解法の道筋も，カルダーノ達のものとは異なる．以下の手順は，かなり難しいと思う．細かいところを理解する必要はないので，おおらかに一応ざっと見るくらいでよい．

　この場合も解の公式は，方程式

$$x^3 + ax^2 + bx + c = 0$$

の係数 a, b, c による，何らかの式となるべきである．しかし，三つの解 α, β, γ がそれぞれ独立の個性を持って存在する世界に行くためには，四則演算より他の，何かをしなければならない．解と係数の関係の一つは、

$$\alpha + \beta + \gamma = -a$$

というものだが，このままでは α, β, γ の入れ替えで対称的な世界にとどまっているので，いつまでたっても解にはたどり着かない．

　というわけで，先ほどと同様に，その対称性をうまく崩す方法を発見するために，Bさんは滝に打たれるのである．いや，Bさんはガロア理論を知っているので，その必要はない．しかし，今回の状況はかなり難しくなっ

ている．今の場合は α, β, γ という三つのものの入れ
替えなのだ．そのような対称性は，

$$(\alpha, \beta, \gamma), \ (\gamma, \alpha, \beta), \ (\beta, \gamma, \alpha)$$
$$(\beta, \alpha, \gamma), \ (\gamma, \beta, \alpha), \ (\alpha, \gamma, \beta)$$

の，合計6個もある．その対称性を「うまく」崩すので
あるから，これは名人芸中の名人芸である．

　長いこと滝に打たれればわかるという種類のものでも
ないだろうが，この場合は，実は次のようにする：

　　・まず，巡回的に文字を入れ替える操作

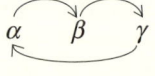

　　　で得られる入れ替えをのみを考える．

　これらは $(\alpha, \beta, \gamma), \ (\gamma, \alpha, \beta), \ (\beta, \gamma, \alpha)$ の，合
計三つである．そして，この対称性を崩すうまい式を二
つ考える．具体的には，

$$p = \alpha + \omega\beta + \omega^2\gamma,$$
$$q = \alpha + \omega^2\beta + \omega\gamma$$

というもの．ここで ω は1の原始3乗根というもので，
$x^2 + x + 1 = 0$ の解の一つである．

　　・この p, q はうまく選ばれていて，上の巡回的な
　　　入れ替え以外の入れ替え，例えば α と β を入れ替
　　　えると，p^3 と q^3 が入れ替わるようになっている．

だから，$p^3 + q^3$ と $p^3 q^3$ を a, b, c で表すことができ，2次方程式を解くことで，p^3, q^3 が得られる．開立すれば p, q がわかる．後は，$-a = \alpha + \beta + \gamma$ と連立させて終わり．

　数式は十分ややこしいものであったから，やっぱり唖然としてしまったかもしれない．しかし，細かい点より，ここで大事なことは

- 全部で6個あった対称性を，巡回的なものとそうでないものに分類して，段階的に切り崩していること，
- 四則演算より他に必要な操作は，結局のところ2次方程式を解くときの平方根をとるというものと，開立，つまり立方根をとるというものであること，

の二点である．二番目のことは，次のように一般的に言い直せる．つまり四則演算に加えて必要な操作は，一般に「べき根を開く」ということ，つまり自然数 n について，n 乗根をとるという操作のみである．この「段階的対称性の崩し」と「べき根を開く」という二点が，この物語では一番重要なポイントなのだ．

　2次方程式が比較的簡単だったのは，対称性を崩す段階を一回だけで済ませることができたからである．3次方程式では，二つの段階を経なければならない．それが

３次方程式の一般解法が２次方程式の場合に比べて格段に難しい理由である．そして，後にフェラーリによって解決された４次方程式に到っては，四つの段階に分けなければならない！

5 次方程式への挑戦

今述べたように，４次方程式の一般的解法は，カルダーノの弟子のフェラーリによって解決され，前述の『アルス・マグナ』で紹介されている．そして，これもまた先の二つの状況に当てはまるものであった．つまり，段階的に対称性を切り崩すことで得られるもので，四則演算の他にべき根を開くという操作のみで得られる．ここまでで 16 世紀中頃の状況である．

当然のことながら，次の興味は５次方程式である．2，3，4とくれば５次だって同様のはずだろう．５次方程式もべき根を開くことで解けるに違いない，と人々は考えただろう．だから，多くの人がこの問題に挑戦したであろうことは，想像に難くない．しかし，少なくとも19世紀を迎える以前においては，いかなる努力も実りあるものとはならなかったのである．我々はここでも，数学の歴史の車輪を回す人々の情熱の軌跡を垣間見ることができる．

そのような努力の中で，ラグランジュ（Joseph Louis Lagrange, 1736－1813）の仕事は特筆に値する．ラグランジュも他の人々同様，５次方程式の解の公式について何

J. L. ラグランジュ

らかの結果を得ることまでは行かなかったのである．し
かしラグランジュは，なぜ4次以下の方程式については
うまくいくことが，5次以上ではうまくいかないのか，
という根本的な疑問を抱いた．このような基本的な視点
に立ち返ることは，数学の研究においては極めて重要な
ことだ．そしてラグランジュは，4次以下の方程式の解
法を徹底的に分析したのである．これを通じて，ラグラ
ンジュは筆者が上でやってみせたような「解の入れ替
え」による対称性こそが，方程式の解法を得るための重
要なポイントであることを見抜いた．その意味で，ラグ
ランジュは代数方程式を，初めて一般的視点で考察した
最初の人であると言える．その業績は，当然ながら後の
アーベルやガロアの仕事に多大な影響を与えることとな
った．

アーベル

　以後の史実の紹介をする前に，重要だと思われることを少々述べたい．ご存知の読者も多いと思うが，結局5次以上の一般方程式は，4次以下の場合と「同じようには」解けないということが明らかになるのである．つまり，4次以下の場合と同様な意味での解の公式は存在しない，ということが19世紀には明らかとなるのだ．

　ここで明らかになることは，5次以上の一般方程式が代数的には解けないこと，つまり四則演算とべき根を開くという操作によっては解けないことである．これらの操作をどのように組み合わせても，一般的な解の公式を作ることは不可能だということなのである．

　この点については，実際かなり誤解している人も多いようなので，ここでいくつか注意しておきたい．

　よく世間では「5次以上の方程式は解けない」とか言われるのであるが，これは全くナンセンスな言明である．実際，方程式が解けるとか解けないとかいう問い自体が，それだけでは曖昧すぎる．どのような意味で解けるのか，あるいは解けないのかを明らかにしなければならない．どんな意味でもよいなら「代数学の基本定理」（後述240頁）を持ち出す必要もなく，解を全く抽象的に「作る」ことだって可能であるからである．実は，これから述べるアーベル自身同じような不注意を犯して，ガウスに誤解されることになるのであるから，よほど注意しなければならない．

　また，これよりは若干ましな言明として「5次以上の方程式は解の公式を持たない」とも，よく言われるようであるが，これも全く正しくない．5次以上でも解の公式を作ることは可能である．ただ，四則演算とべき根では作れない，ということにすぎない．代数的な解法，つまりべき根を開くことによる解法という考え方は，第3章に述べた「定規とコンパスによる作図」という幾何学ゲームのルールと同様，方程式ゲームのルールであると思ってもよい．代数的解法というルールでは，4次までの代数方程式は解けるが，それ以上は無理だということである．これは定規とコンパスによる作図という幾何学ルールでは，角の二等分はできるが，三等分はできないというのと，全く同様の話だと思うべきだ．だからルールを変えれば，他にもいろいろできるかもしれない．実際この章の最後に見るように，代数的というルールの縛りにこだわらないなら，一般5次方程式の解の公式を与えることは可能なのである．

　ともあれ，歴史の中でこの驚くべき事実，つまり5次方程式は，実はべき根では解けないということを，最初に意識したのは，イタリア人のパオロ・ルフィニ（Paolo Ruffini, 1765-1822）であったとされている．ルフィニは実際に，この不可能性の証明を試み，それを出版までしている．ラグランジュこそその証明に何ら反応を示さなかったが，コーシー（Augustin Louis Cauchy, 1789-1857）を含め多くの数学者が，その論文に賛意を示した

N. H. アーベル

という*3.

　ここで西洋数学史の舞台に，19 世紀数学を代表する悲劇の主人公二人のうちの一人，薄幸の美青年ニールス・ヘンリック・アーベル（Niels Henrik Abel, 1802–29）が登場する．アーベルはノルウェーの出身．教会付属の聖堂学校時代の数学教師，ホルンボエの影響で，次第に自分の数学の才能に気付き始める．そしてホルンボエの勧めで，ニュートンやオイラーやラグランジュなどの著作を読みふけるようになる．この若き数学教師も，アーベルの非凡な才能を賞賛し，アーベルがパリやベルリンの第一級の数学環境に留学して，その才能を開花できるようにと，多くの学友と協力して政府の奨学金獲得

*3　ピーター・ペジック『アーベルの証明──「解けない方程式」を解く』山下純一訳，日本評論社（2005）95 頁.

のために奔走する．多くの友人達の暖かい励ましと，ノルウェー国の期待を背負い，アーベルはヨーロッパ旅行に旅立つ．

　もともと，貧乏で慎ましい暮らし向きであった上に，病弱でもあった．性格も極度に内向的で，そのためにいろいろ損しただろうと思う．それでも，ベルリンではプロイセンアカデミーの実力者で建築監督官のアオグスト・クレレ（August Leopold Crelle, 1780−1855）と出会ったことが転機となり，アーベルの才能が一気に開花する．

　クレレは1824年から，現在でも刊行されている雑誌『純粋および応用数学雑誌*4』（通称クレレ誌）の刊行を始めたが，その初期の号には，アーベルの重要な論文が多く掲載されている．

　しかし，それ以外の地域では，アーベルを迎える空気は冷たかった．アーベルがパリからホルンボエに書き送った手紙には，次のように書かれている：

　　……私は大陸の最もやかましい都市にいますが，あたかも砂漠にいるかのように感じています．私はほとんど誰も知りません……（中略）……あらゆる人

＊4　ドイツ語名は *Journal für die reine und angewandte Mathematik*. 後に純粋数学の論文しか載らなくなったので *Journal für die reine, unangewandte Mathematik*（純粋，非応用数学雑誌）というあだ名がついてしまった．

達は，他人に関心がなく自分だけで仕事をしていま
す．誰もが教えることを望んで，学ぶことをしてい
ません．最も絶対的なエゴイズムが，あらゆる処で
はばをきかせています．……*5

　コーシーにしてもルジャンドルにしても，当時のパリ
の数学者の中で，アーベルから学ぶべきもののない人な
どいなかったのだ．アーベルの代数函数の積分に関する
知見の一端でも知っていれば，彼らの数学は劇的な進歩
を経験することができたであろう．彼らがアーベルの数
学の本当の意義に気付くのは，彼の死後しばらくたって
からである．
　パリ滞在時期のアーベルの仕事には，楕円函数の加法
公式を徹底的に一般化した，いわゆる「アーベルの定
理」が含まれている．これは極めて重要な仕事であり，
そこには後年，リーマン面上の正則微分形式や，リーマ
ン面の種数と呼ばれる概念の萌芽が見られる．
　この論文をアーベルがパリの学士院に提出したのは
1826 年であったが，査読者のコーシーはすぐにそれを
デスクの書類の山の中に埋没させてしまった．当時のコ
ーシーの興味の方向性から言っても，もしコーシーがそ
の論文を一目でも見れば，それが一時代を画するような

────────
＊5　ボタチーニ『解析学の歴史－オイラーからワイアストラスへ』好
田順治訳，現代数学社（1990）95 頁より引用．

重要な仕事であることを即座に認識したはずである．しかし，その論文はその後も忘れられ続け，ついに発表されたのはノルウェー政府の要請によるもので，何と1841年の遅きに失したのである．しかも，その発表に際して，オリジナルの論文原稿はどこかに紛失してしまったというから，ずいぶん失礼な話だ．

　いかんせん，アーベルの慎み深い性格も災いしたのであろう．それは一般5次方程式の代数的非可解性についての論文を献呈した，ガウスに対してもであった．ガウスは明らかに，その論文に興味を示さなかった．一説には，そのタイトルに「代数的」の文字がなかったからだとも言われている．しかし，いずれにせよ，憧れのガウスから何の反応もなかったことが，アーベルを失望させたことは察してあまりある．アーベルは明らかにガウスのいるゲッチンゲンを避けており，そのためこの二人の会見はついに実現しなかった．非ユークリッド幾何学の自分以外による発見をあれほど喜んだガウスである．アーベルの楕円積分に関する研究の中に，自分の懐中にあるアイデアを認めれば，きっとガウスはアーベルの研究を喜んで迎えたに違いなかったのである．そうであれば，その後のアーベルの運命も大きく変わっていたに違いない．そしてアーベルが少しでも長生きしていれば，現代の数学も大きく様変わりしていただろう．しかし，失意のうちに帰国してほどなく，アーベルは1829年，26歳の若さでこの世を去る．

アーベルによる一般 5 次方程式が代数的に解けないことの証明は，ルフィニによるものの不明瞭な点（というかギャップ）を結果として埋める，より明快なものであった．それは巧妙だがシンプルな式変形と，有理函数が変数の入れ替えによって取り得る値の個数についての，目をみはるような事実によるものである[6].

ガロア

ガロアという名前ほど，現代数学における様々な概念の名前に多くつけられた人名もないだろう．ガロア群，ガロア体，ガロア圏，ガロア表現，ガロアコホモロジー等々．そして，これらは基本的かつ本質的な概念として，到る所で活躍している．これからもこのような状況は続くであろう．

エヴァリスト・ガロア（Évariste Galois, 1811−32）こそ，方程式の代数的一般解法の問題に，最終的に終止符を打った人物である．いや，ガロアの業績はそれだけでは到底語れない．その問題の深奥にある，本当の「しくみ」を明らかにしたのである．言わば，それまで誰も気付かなかった，新しい種類の数学的パターンを発見したのだ．この種類のパターンは方程式論のみならず，その後，多くの分野で認められるような，極めて普遍的なものであることがわかってきた．ガロアのこの業績によっ

---

[6]　詳しくは，ペジック『アーベルの証明』102 頁以下を参照.

E. ガロア

て，西洋数学のパターンに対する感性には，さらに磨き
がかかることになる．

　同時にガロアは，アーベルと並んで，19 世紀数学の
二大悲劇役者の一人でもある．アーベルは 26 歳で死ん
だが，ガロアが死んだのは 20 歳のときである．そんな
短い間に，その後の数学の歴史の何世紀分をも左右する
ような大事業をなすことが，本当に可能なのかと疑って
しまうであろう．数学に限らないかもしれないが，数学
においては，齢を重ねなければ深い仕事はできない，と
は限らないのだということを，ガロアの生涯は雄弁に物
語っている．

　ただガロアの場合は，アーベルのように極度の慎み深
さが悲劇を招いたというよりは，極端な政治思想と，ほ
んの少しでも大人しくしていることのできない攻撃的な
性格が災いした．彼の死因は決闘によるもので，一説に

J. リューヴィル

は恋愛沙汰であったとの話もあるが，多分政治的な理由によるものであろう．いずれにしても，詳しいことはわかっていない．死の前夜，彼は友人のオーギュスト・シュヴァリエ宛の手紙に，それまで得られた数学上の結果について，概略を書いている．多分，夜を徹して書いたのだろう．

> ……ヤコビかガウスに，定理の正否ではなく，その重要性について，公に見解を求めて欲しい．こうして，このごたごたを解読して何か利点を見出してくれる者が現れるだろうと思う．……*7

果たして，そのごたごたの中から珠玉を見出したのは

---

*7　クライン『19世紀の数学』92-93頁より引用．

リューヴィル（Joseph Liouville, 1809−82）で，それは1846年頃のことであった．

　ガロアが方程式論に対して残した業績だけでも，それをわかりやすく述べることは難しい．19世紀数学の中でも最高に美しい理論の，この上ない美しさに触れるには，やはりある程度数学的素養がなければならない．

　ただ，ガロアの仕事の重要ポイントを一言で言うならば，それは方程式の可解性が，徹頭徹尾その解の入れ替えによる対称性だけの問題に帰着されることを彼が見出したことである．ここで大事なことは，方程式そのものは忘れてしまってもよいということだ．つまり，その対称性の集まりだけを観察すればよい．言わば，その対称性のパターンだけが問題だということなのである．

　そのため，この「対称性の集まり」というものを，一つのまとまりとして捉える新しい概念が必要となった．これが「群」という概念である．ガロアが見出したことは，方程式の可解性を調べたかったら，方程式に付随した群，いわゆる「ガロア群」を調べればよいということであった．

　例えば5次方程式の場合，その対称性の群は一般には120個の要素からなる．ずいぶんたくさんあると思われるかもしれない．しかし，たかだか120個くらいである．それら全体がなす体系を十分詳細に調べれば，5次方程式の秘密が全部わかるのだ，ということをガロアは見出したわけだ．

　もう少し具体的なレベルでは，先に 3 次方程式の解法に関して述べたような，対称性を巡回的なものによって，段階的に記述することの可否が問題となる．群についての学問体系，いわゆる群論では，このようなことができる群を可解群という．5 次以上の次数の一般代数方程式が代数的に解けるか否かという問題について言うなら，方程式の解を入れ替えることで得られる対称性の群が，可解群か否かということ，そしてそれだけが問題の核心となる．実際には，5 次以上の代数方程式のガロア群は可解群ではない．これを示すことで，ガロアによる 5 次以上の方程式の代数的な非可解性の証明が完結する*[8].

クラインと 20 面体方程式

　こうして，代数方程式の代数的可解性，つまり四則演算とべき根による一般的な解の公式の有無についての問題には，最終的な決着がついた．しかしそれでも，代数方程式の研究が終わったわけではない．むしろ，問題は多方面の数学と関わって豊かな内容を持つに到るのである．このことを最後に簡単に述べておきたい．

　そのために，19 世紀後半のクライン（Felix Klein, 1849-1925）による仕事*[9]について，若干述べよう．平たく言えば，クラインは一般 5 次方程式の解の公式を求

---

*8　ガロア理論についてのもう少し詳しい解説は，例えば，リリアン・リーバー『ガロアと群論』浜稲雄訳，みすず書房（1979）を参照せよ．

F. クライン

　める方法を与えたのである．もちろん，それは代数的な
解法ではない．だから，それは四則演算の他に，べき根
を開く操作とも違う，また別の操作が入ってきている．
クラインの仕事は，それがどのような操作なのかという
ことを明らかにした，という意味で重要なものだ．
　クラインの仕事を概観する前に，一つ注意しておこう．
今まで扱われてきた解の入れ替えによる対称性というも
のは，言わば方程式がその内部に持つ「見えない対称
性」であった．その見えない対称性の重要性を明らかに
したのがラグランジュであり，方程式の研究をその見え
ない対称性の研究に帰着させ，その基本的指針を示した

＊9　クライン『19世紀の数学』365頁以下，およびフェリックス・ク
ライン『正20面体と5次方程式』改訂新版，関口次郎・前田博信訳，
シュプリンガー数学クラシックス，シュプリンガー・フェアラーク東京
(2005).

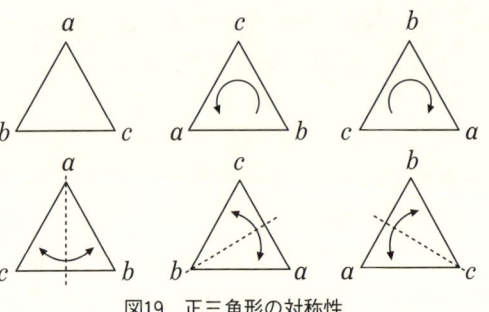

図19　正三角形の対称性

　のがガロアの仕事である．これらの対称性のまとまりを
研究することが重要なら，それを「目に見える対称性」
で表現することは，研究によりよい見通しを与えるであ
ろう．

　例えば3次方程式に付随した対称性は，先に見たよう
に6個の対称性を持つのであった．これは，実は正三角
形の回転と折り返しによる対称性で，完全に表現される．
実際，図19において，三角形の頂点を表す文字 *a, b, c*
が入れ替えられている様子がわかるだろう．すべての入
れ替えが，正三角形という図形の対称性で，見事に説明
されている．このように，見えない対称性を，例えば図
形の対称性のような見える対称性で表現するのが，一般
に群の「表現論」と呼ばれている分野である．

　これをもとにして，3次方程式の解の公式を求める過
程に，幾何学の視点を取り入れることが可能となる．実
際に実行すると少々複雑で，式を見る限りではちょっと

回り道っぽい議論となる（だから和算家なら嫌うかもしれない）。しかし，解法に到るための基本コンセプトは，極めて明快である。それは，

- 解の入れ替えによる対称性（見えない対称性）を，図形の対称性（見える対称性）で表現する。
- 図形の対称性を，一次分数変換というものを用いて，数の対称性で表現する。

という，二段階の対称性の翻訳を経ることで実行される。

　これは3次方程式や4次方程式で実行しても，解法を簡明にすることには寄与しないが，5次（およびそれ以上の次数の）方程式の解法に，新しい視野を提供する。クラインはこのプログラムを，正20面体（176頁の図15参照）の対称性を通して実行することで，5次方程式に適用した。この方法では，5次方程式は正20面体方程式という60次（！）方程式に帰着される。

　60次などという大きな次数になってしまったら，ますます難しくなると思われるかもしれない。しかしそうとは限らない。どんなに大きな次数 n についても，例えば

$$x^n = a$$

という形の方程式は解けると思ってよい。それは a の n 乗根を開くことで解けるのだし，それは解けるものとしてよいというのが，べき根による解法という決め事であ

る．今の場合の 60 次方程式は，確かにここまで簡単な
ものではないが，しかしそれを理解するために，我々は
正 20 面体の幾何を使うことができるし，さらにそれに
関連した函数論も使える．例えば超幾何微分方程式とい
うものを使ってもよいし，テータ函数と呼ばれるものを
使ってもよい．

　いずれにしても，べき根では解けないなら，どの程度
難しい操作を使えば解けるのか，つまり，どのような方
程式ゲームを採用すれば，解の公式が得られるのか，と
いうことをクラインの仕事は明らかにしたのである．こ
のようなことが解決して初めて，代数方程式の一般論は，
ほとんど研究し尽くされたと言ってもよいであろう．

第9章

形に対する悦び

レオナルド・ダ・ヴィンチ『最後の晩餐』——画面中央
の消失点に向かって，部屋の形や床の模様，事物の配置
が調節される，いわゆる「一点透視画法」によって描か
れている．（ミラノ，サンタ・マリア・デッレ・グラツ
ィエ教会）

射影幾何学

ユークリッドの第5公準のところでも述べたが，二つの直線が平行であるとは，それらの直線がどこまで行っても，決して交わらないことである．これは，どこまでも続く列車の線路を思い浮かべてみればよい．どこかで交わってしまったら，列車は脱線してしまう．

しかし，このような幾何学には「視点」というか，「見る人」がいないことに気付くのである．実際，どこまでいっても平行線が交わらない様子が，風景として見える視点などあり得ない．どこまでもまっすぐに続く線路を見ると，我々にはそれが地平線のところで交わっているように見える．だから，ユークリッド幾何学の世界は，言わば人の目が見ていない風景である．そんなものは風景とは言わないだろう．

これに対して，例えば地平線のところで交わっているように見える，などというように，「見える」という現象を積極的に取り入れた幾何学があってもよいだろう．そのような幾何学は，ユークリッド幾何学よりも，もっと人間の視点に近いものとなっているはずである．それは人の目が見ている風景の幾何学である．だから，それは絵画や建築などとも密接に関連した，とってもステキな幾何学体系になるだろう．

そのような幾何学は本当に存在する．絵画や建築における「見え方」についての様々な知見が，一つの学問に

洗練されて歴史上発展してきた，いわゆる射影幾何学という学問である．

　例えば，有名なレオナルド・ダ・ヴィンチの『最後の晩餐』を見てみよう（この章の扉頁）．これは一点透視画法であり，画面中央に向かって見る視点にとって，人物の配置やテーブルの形などが最もリアルに見えるように調整されている．このように，見る人の視点の位置や見え方に対して，敏感に合理的に対応するというのが，ルネッサンスの頃の美術や芸術に見られる傾向であり，これを一つの学問的技芸に昇華したのが，後に体系化される図学や射影幾何学なのである．

　射影幾何学という体系の中では，図形を見る視点をいろいろ変えて，その見え方がどう変わるかということが重要なテーマである．つまり，見る視点を取り替えて，見える風景をそのままキャンバスに投射（というか射影）した場合，絵はどのように変わるかということだ．ダ・ヴィンチの絵では，部屋の床は奥に行くほど狭くなるように描かれている．実際，そのように描くことで，風景が我々の目の網膜に投射されているものと同様に見え，リアルさが出るという仕組みなのだ．しかし，その視点を変えて，例えば画面横から見るようにすれば，同じ床や机でも，画面の上では違った描かれ方をされなければならない．

　別の言い方をすると，視点をいろいろ変えて見ても変わらないような図形の性質を扱うことが，射影幾何学と

いう学問の本質である．例えば，直線であるとか，三角
形であるとかいう性質は，視点を変えても変わらない．
このような性質を「射影的性質」という．しかし例えば，
正三角形は斜めから見てみると，形がつぶれて正三角形
に見えなくなる．つまり，正三角形であるという性質は
射影的性質ではない．同様に直角三角形であるという性
質も射影的ではない．

　要するに「形」そのものは射影的だが，長さや角度は
見え方によって異なって見えるから，射影的ではないと
いうわけだ．したがって，射影幾何学においては，長さ
や角度といった計量的な側面ではなく，純粋に「形」に
対する興味で図形や空間が扱われることになる．射影幾
何学の特徴を，クラインが「形に対する悦び（Freude an
der Gestalt）」と表現した所以である．

　もう一つの特徴は，それが形や配置について例外的扱
いを極力排して，どのような場合にも一律に平等に議論
できるような枠組みであるということである．ユークリ
ッド幾何学の場合は，2本の直線は一点で交わるか，あ
るいは交わらない，つまり平行であるかの二通りの場合
があった．それゆえ直線について議論するとき，往々に
して平行な場合を例外的な場合として，議論しなければ
ならない．その分だけ議論が煩雑となる．

　しかし，射影幾何学では2本の直線は例外なく一点で
交わる．それは，この幾何学が「無限遠点」というある
意味仮想的な点をも考えるからだ．線路の例を思い出そ

う．射影幾何学の立場では，これも立派に無限遠点とい
う点で交わっていると見なす．

このように，例外を排してどのような場合も一律に扱
えるようになると，議論がとてもシンプルになり，論証
もエレガントになりやすい．このような理論体系全体に
漂う優雅さが，何と言っても射影幾何学の魅力である．

パスカル

初発の射影幾何学には，3世紀頃のアレキサンドリア
のパップス（Pappus of Alexandria）の寄与などもあるが，
本格的な発展はルネッサンス以降である．デザルグ
（Gérard Desargues, 1593−1662）やパスカル（Blaise Pascal,
1623−62）などが主な役者たちである．例えば，有名な
「パスカルの定理」は次のことを主張する：

- 定理．2次曲線（例えば楕円）上に書いた六角形
  の対辺の交点は，一直線上にある．

例えば次頁の図20を見てみよう．定理は P, Q, R が
一直線上にあることを意味している．この定理に出てく
る概念，例えば六角形とか，直線とか，交点とか，一直
線上とかは，すべて射影的な概念である．だから定理を
証明するには，任意の2次曲線を考える必要はない．特
別な場合，例えば円の場合だけを考えれば十分なのだ．

このように，一見複雑そうに見える図形の性質が，射

B. パスカル

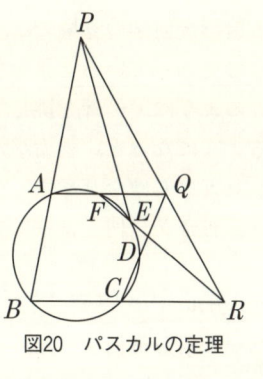

図20　パスカルの定理

　影の視点を取り替えるというトリックによって，あっと言う間に簡単な場合に帰着してしまう．まことに優雅である．

　パスカルは 17 世紀のフランス中央部，クレルモン・フェランの教養と格式のある家に生まれた．幼少の頃より神童の誉れ高く，上に紹介したパスカルの定理も，彼がそれを見付けたのは 16 歳になるより以前のことであるという．

　パスカルは『パンセ（*Pensées*）』を書いた思想家としてよく知られているが，ベルに言わせれば，本来数学者として生まれてきた才能を，他のことのために浪費してしまったとのこと[1]．数学においては，彼の名前は有名な「パスカルの三角形」によって知られているだろう．

---

[1]　E. T. ベル『数学をつくった人びと』上．

J.-V. ポンスレ

また，フェルマーと並んで，確率論の創始者としても知られている．

ポンスレ

19世紀における射影幾何学の進歩にも，図形を扱う手法についてというより，理論体系全体を見る視点からの寄与とでも言えるものが多い．そのような射影幾何学の見方の，実際上の創始者はポンスレ（Jean-Victor Poncelet, 1788–1867）である．

ポンスレは軍人畑で立身した人である．1812年のナポレオンのロシア遠征に参加したというから，さぞかしひどい目にあったに違いない．実際，退却中に他の多くの兵と同様に，極寒のシベリアでほとんど死にかけていたところを，コサック兵に連れられてサラトガの収容所に入れられたそうである．

　ポンスレはその収容所で1815年まで過ごすが，そこ
での生活は全く不自由というわけではなかったらしい．
なんでも，その間エコール・ポリテクニックの学生時代
にモンジュ（Gaspard Monge, 1746−1818）から教わった
図学について，他の収容者に講義をしていたということ
である．その比較的自由な環境の中で，彼の全く新しい
射影幾何学の体系が形成された．

　ポンスレの射影幾何学の体系はある意味，数学の体系
に対する西洋精神的な見方の，極めてわかりやすい現れ
の一つだと言える．というのも，ポンスレは射影幾何学
における双対性の概念を発見したからである．これも一
種の対称性なのであるが，これは幾何学が扱う図形の対
称性なのではなく，言わば射影幾何学という「体系その
もの」が持つ対称性，とでも言い得るものなのだ．

　例えば，平面の射影幾何においては，直線という概念
と点という概念が双対の関係にある．もし，平面射影幾
何における何らかの定理とその証明があったら，それを
紙に書いて，最初から最後まで「直線」という言葉を
「点」に，「点」という言葉を「直線」に，全く形式的に
書き換えたとしよう．その際，2直線の交点は，2点を
結ぶ直線に，2点を結ぶ直線は，2直線の交点に，それ
ぞれ書き換える．こうすると，新しい定理とその証明が
できているだろう．そして，それもまた正しいのである．
これが，射影幾何学における双対性である．

　例えば，前述のパスカルの定理の双対は「ブリアンシ

ョンの定理」というもので，これはポンスレと同時代の
ブリアンション（Charles Julien Brianchon, 1785−1864)
が独立に証明している．双対性の原理によれば，これら
二つの定理を両方証明する必要はない．どちらか一方の
みを証明してしまえば，それを完全に形式的に書き換え
て，他方の証明にすることができるからである．

　射影幾何学における双対性の原理は，扱う対象や図形
の対称性ではない，言わば理論そのものの対称性という
わけだ．体系をひとまとまりのものとして，客観的に扱
おうとする，古代ギリシャ以来の基本的精神がここにも
見られる．

　話はそれるが，収容所生活と数学について，もう一つ
興味深い例がある．ジャン・ルレー（Jean Leray, 1906−
98）は，第二次大戦下にエーデルバッハのドイツ第三帝
国士官専用収容所（いわゆる Oflag）に収容されていた．
ポンスレと同様に，この場合の収容所生活も比較的自由
なもので，収容所内には大学もあり，ルレーはそこの学
長的な存在であったという．ルレーが収容所内で静かに
行った研究は，戦後「層の理論」と呼ばれる新しい理論
装置の基礎となった[*2]．現在では層の概念は，代数の幾
何，解析の諸分野のみならず，数学基礎論においても

＊2　Housel, C.: *Les débuts de la théorie des faisceaux,* in Sheaves
on Manifolds (Kashiwara, M. and Schapira, P.), Grundlehren der
mathematischen Wissenschaften, Vol. 292, Second reprint, Springer-
Verlag, Berlin, Heidelberg, New York (2002).

（つまりほとんどすべての分野で）最も基本的なインフラ
の一つになっている.

　ポンスレの場合もルレーの場合も，収容所の中で一体
どのような気持ちで生活をしていたのかはわからないが，
外部から遮断された世界の中で，比較的自由な時間がたく
くさんあったのだろうと思う.

　　……数学の考究に於ては何よりも妨げられざる，切
　　り刻まれざる時間が必要である*3.

とはガウスの言葉である.

座標の是非

　射影幾何学の歴史の話に戻ろう. ポンスレ以降も，体
系としてのまとまりが見事な理論として，射影幾何学は
発展を続けた. その発展の歴史における最も重要な転機
は，多分プリュッカー（Julius Plücker, 1801−68）とシ
ュタイナー（Jakob Steiner, 1796−1863）の間の方法論的
論争である. これを機に射影幾何学の流れは大きく二分
されることになる.

　前述の通り，射影幾何学は図形を一律に例外なく扱え
る，極めて対称性のよい体系として発展してきた. その
ため，一見複雑に見える図形の奥に隠されたパターンや

＊3　高木貞治『近世数学史談』岩波文庫（1995）21頁.

J. プリュッカー　　　　　J. シュタイナー

性質を, 射影幾何学は実に見事に提示し, 簡明な意味を
与え, 優雅な証明を与える. これが, 少なくとも初期の
頃の射影幾何学の真骨頂であり, 多くの数学者を魅了し
た理由である.

　しかし, 19世紀も後半に入る頃になると, このよう
な流れに変化が起こり始める. それは, 言わば正統と異
端への分裂とでも言うことができるだろう. そして, こ
の分裂は, 二度と修復されることはなかった. というの
も, 結局「異端」の方が歴史の中で決定的な勝利をもの
にするからだ. その異端の側の立役者はプリュッカーで
ある. 彼は射影幾何学に積極的に座標のアイデアを導入
して, 射影的性質やポンスレの双対性などを, 徹頭徹尾
方程式の言葉で表現する手法を編み出した. 言わば, 17
世紀のデカルトの精神に戻ろうということである.

　ここで話題になっている座標とは, ユークリッド平面

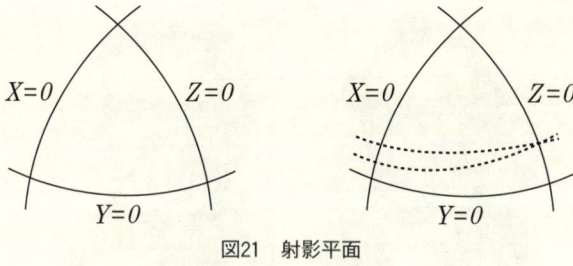

図21　射影平面

にあるような座標（x, y）と違い，一般に「斉次座標」<ruby>斉次座標<rt>せいじ</rt></ruby>
と呼ばれているものである．多少専門的になってしまう
が，若干説明を試みよう．大体の感じをつかんでもらえ
ばよいので，おおらかな気持ちで見てほしい．

　図21左を見てほしい．ここでは三つの直線（曲線で
書いてあるが，直線と思う）が書かれている．このうち，
$Z=0$ でラベルがついているものを取り去ると，2本
の直線となるだろう．これを，122頁の図9で示したよ
うな，普通の平面の座標のように考える．$X=0$ と書
いたものがy軸で，$Y=0$ と書いたものがx軸である．

　要するに，この平面には通常我々が知っている座標平
面以外に，$Z=0$ と書かれた直線が余分に書かれてい
るということだ．これが，実は無限遠点の集まり，いわ
ゆる「無限遠直線」である．図21右で，ユークリッド
平面上の平行な直線（例えば線路）が，無限遠直線（例
えば水平線）上で交わっている様子を描いた．無限遠直
線は無限の彼方にある直線だから，本来このようには書

かれ得ないものと思われるだろうが，そのような距離の概念に拘泥せず，単に模式的に書いたものだと思ってほしい．前述したように，距離の概念は射影的概念ではないのだから，射影幾何学の立場では考えても意味がないのである．

この世界では，直線はどのような方程式で書けるだろうか．実は

$$aX + bY + cZ = 0$$

という，非常に対称性のよい式で書ける．このように対称性のよい方程式（斉次式と呼ばれる）で，図形が描かれるということだけでも，射影幾何学の特徴がよく現れているが，もう一つここに極めてキレイな構造が隠れている．X, Y, Z の値（の比）が決まると，射影平面上の点が一つ決まる．何しろ座標というからには，そうでなければならない．しかし上の直線の式を見ると，a, b, c の値（の比）が決まると，直線が決まることになる．だから，X, Y, Z という三つ組と a, b, c という三つ組の役割を交代させると，点と直線が入れ替わることになる．これはまさにポンスレのところで述べた「双対性」を，座標を使って表したものである．

この斉次座標というアイデアは，メビウスの帯で有名なメビウス（August Ferdinand Möbius, 1790−1868）の重心座標というアイデアから始まったもので，後にプリュッカーが上の形に整備した．プリュッカーはこのような座標の概念を活用することで，射影幾何学に解析的な視

A. F. メビウス

点を導入した．これによって，以前の形そのものによる
議論ではなし得なかった，より高度な結果を得ることが
できるようになったのである．

　しかしここで問題なのは，このような座標の導入が，
本来は形に対する悦びを体現していた射影幾何学という
学問の，学問自体の優雅さを損なうことになってしまっ
ているのではないか，ということであった．このような
考えから，座標の導入に強く反発したのがシュタイナー
である．

　シュタイナーは何より，形そのものを大切にした．彼
の研究は，射影幾何学という学問の伝統に対して従順で
あることと，それによって，体系としての美しさを強調
した点が特徴的である．

　　　……混沌の中に秩序が現れ，そしてあらゆる部分が

　　どのように自然に関連し合い，同類のものがしかる
　　べく仕切られた群にどのようにまとまっているかを
　　見る．……*4

とは，シュタイナーの著書の序文に述べられたものであ
る．

　しかし，この一見，体系的感性を重んじる西洋数学精
神に従順な考え方には，明らかな限界があったのである．
シュタイナーにとって幾何学とは，簡単な図形から次第
に高級な図形へと生成していく様子を見ることで，直観
を磨き鍛えるものであった．その意味ではシュタイナー
はまぎれもなく達人であり，研ぎすまされた感性の持ち
主であることは確かである．例えば，4次曲線の複接線
に関するシュタイナーコンプレックスなどは，後のリー
マン面の理論や代数幾何学の枠組みで，その意義がはっ
きりする，非常に着眼点のよいものであった．

　しかし，いかんせん正統派の道に固執しすぎた*5．求
道的すぎたというわけだろう．プリュッカーの柔軟さが
可能にする結果の，圧倒的な豊かさには勝てなかったの
である．

　歴史が明示するように，射影幾何学が後に代数幾何学
に合流するようになると，斉次座標による考え方は，も

＊4　クライン『19世紀の数学』131頁より引用．
＊5　クラインによれば，シュタイナーといえども完全無欠の射影論者
とは言えなかったようである．クライン『19世紀の数学』133頁参照．

はやなくてはならないものになる.

風景の幾何学

さて, 読者の多くも気付いていることと思うが, ここ
でプリュッカーとシュタイナーの間でなされた論争は,
まさに「計算する」ことと「見る」ことの間の葛藤に他
ならない. 西洋数学特有の苦悩である, この宿命的な二
律背反は, ここにも一つの歴史の節目を刻印しているの
だ.

もちろん, 座標によらない幾何としての射影幾何学が
全く消え失せたわけではない. そのような射影幾何学の
研究は今でもなされているし, 有限体上の射影空間など
は, 組み合わせ論や数論の文脈においても立ち現れる,
なかなか可愛らしい対象である. 歴史の中でも, この方
向での発展が滞ったわけではなく, フォン・シュタウト
(Karl Georg Christian von Staudt, 1798-1867) やシャー
ル (Michel Chasles, 1793-1880) といった重要人物がい
る. 特にエルランゲンの田舎紳士, フォン・シュタウト
の研究には, 極めて独創的で特筆すべきものがあるが,
いささか専門的になるきらいがあるので, ここでは詳し
く述べないことにしよう.

以上のように, 射影幾何学は体系の全体像の整合性と
美しさを追求した, 真に西洋的な数学精神の真骨頂として,
19世紀において一つの繁栄を築いた. プリュッカーに
おいて, その精神からすると一見逆行するかに見える動

C. フォン・シュタウト

きもあったが，それは後にリーマンにおいて代数幾何学
という，さらに大きな学問体系に合流するために歴史が
準備したものであったのである．そこにはあたかも，計
算と直観という二分法を，柔軟に発展的に解消しようと
する世界理性が働いているかのようである．

　もちろん，その弁証法を完成させるためには，後述の
リーマンの天才を必要とした．いずれにしても，幾多の
紆余曲折を経て，常に一本調子では発展しないのが，西
洋数学の特徴であり，強みでもある．

　体系的な重みはともあれ，絵画や建築に端を発した昔
日より，射影幾何学は完全に丸裸で宙づりにされた図形
や空間の幾何学ではなく，風景の幾何学だった．つまり，
「見える」ということを「見る」学問である．

　古典的な射影幾何学は，特に現代的で理解困難な概念
などを必要としない，平易で素朴な言葉によって体系の

素晴らしさを眺望できる学問である．ある意味，入門として最適な西洋的数学のひな形だろう．興味ある読者はコクセターの教科書[6]や，サーモンの格調高い本[7]，また日本語では最近復刻された彌永昌吉・平野鉄太郎『射影幾何学』朝倉書店（1959）などを参照されたい．

[6]　Coxeter, H. S. M.: *Projective Geometry,* Second edition, University of Tronto press (1974).
[7]　例えば, Salmon, G.: *A treatise on the higher plane curves*: intended as a sequel to *"A treatise on conic sections"*. 3rd ed. Chelsea Publishing Co., New York (1960).

第10章

感性の統合

10ドイツマルク紙幣——中央（ガウスの顔の左）に正規分布曲線が描かれている.

百花繚乱の 19 世紀

先にも述べたように，非ユークリッド幾何学の発見を
その前半に経験した 19 世紀（特に後半）の西洋の数学
では，古代ギリシャ数学やユークリッドの『原論』，そ
して微積分の発見と，次第に準備されてきた西洋数学の
西洋らしさが一斉に花開いた．そこでは，いくつもの流
れが統合され，全く新しい流れとなる．数学の理論その
ものにおいても，その発展の流れにおいても，徹底して
大局的視点を求め，より高い立場に立ってより見通しの
よい体系を創造するという，西洋数学特有の性格が次々
と成功を収めたのが，この時期である．

それは特にリーマンにおいて，真に英雄的に，極めて
印象的になされた．既に多くの成功を収め，ある程度完
成したと思われていた体系が，リーマンによってさらに
大きな流れの中に統合されるのである．それは，それぞ
れの体系の中で，それぞれに固有のものとして洗練され
てきた感性が，さらに一段レベルの高い感性によって統
合されたということでもある．19 世紀の数学における
発展の意義は，いかに大胆に一見関連のない流れを統合
したかにかかっている．

このような数学の統合的発展において随所に見られる
流れの統合は，まさに数学におけるセンスス・コムニス
（共通感覚）の洗練を体現したものだろう．それは論理
や証明といったミクロ的認識能力とはとりあえず無関係

な，全く違った種類の認識能力の統合である．そしてこれがまさに体現された，ということに西洋的数学精神の一つの決定的な自己実現を見ることになる．その歴史的インパクトは，17世紀の英雄的事件である微積分の発見のインパクトをも凌駕する．

ただ，この数学史における「19世紀革命」と言ってもよい西洋数学の爆発的な繁栄を，数学の歴史そのものにおける恒常的なものだと思ってはいけないだろう．それは数千年にもおよぶ「人間の数学」の歴史の中で，たかだか200年くらいのものでしかない．しかし，なぜここまで，19世紀が始まって以降の西洋数学が，それ以前のものとは比べものにならないくらい豊かなものになったのかという問題は，確かに考察に値する問題である．

政治的な背景で言えば，フランス革命後の西洋の情勢が，これに密接に関わっているのは確実である．もっとも単に革命によって学問が自由な空気を謳歌するようになったことばかりが理由ではない．17，18世紀においても，例えばアカデミーやサロンでは，自由で活発な議論が展開されていたからである．それより，数学研究がサロンを出て，ある程度大衆化したことの意義が大きいだろう．数学者のほとんどが，19世紀には研究者であると同時に教育者ともなっていた，ということも重要な側面である．教えるためには，理論体系全体への反省が，どうしても必要となるからだ．

具体的な側面で言えば，フランスでのエコール・ポリ

テクニックの開学が重要だ．それ以後フランスにおける
数学研究は，ほとんどすべてエコール・ポリテクニック
を中心に発展していくことになる．そこでの教科書とし
てまとめあげられた中に，時の重要なアイデアを見るこ
とが少なくない．

　ドイツにおいては，フランスのエコール・ポリテク二
ックのような，中央集権的なエリート養成学校の開設に
は失敗したが，それでもフランスに致命的に遅れをとる，
ということは決してなかった．そこには Lehr- und
Lernfreiheit（教示・学習の自由）の精神が，よき伝統と
してあったからかもしれない．

ガウス

　日本における近代数学を代表する著名な数学者，高木
貞治（1875−1960）は，1796 年 3 月 30 日という日を西
洋における近世数学の始まりを告げるターニングポイン
トであると述べている[*1]．

　この日，19 歳の青年ガウスが，朝起きた瞬間に正 17
角形が定規とコンパスのみで作図できることを発見した．
ガウスは次の p の値について，正 p 角形が定規とコン
パスのみで作図できることを発見したのである：

$$p = 3,\ 5,\ 17,\ 257,\ 65537$$

　定規とコンパスによる作図については，第 3 章（71

＊1　高木貞治『近世数学史談』．

頁）に述べた．ユークリッド幾何学以来の伝統が，西洋的数学精神の中に植え付けた幾何学ゲームのルールである．このゲームにおいて，どのような図形は作図可能で，どのようなものが作図不可能なのかを見極めることは，ギリシャ文化的幾何学における最も基本的な問題意識であった．

　こと正多角形の作図については，ユークリッド以来2000年もの間，ほとんど何も進展がなかったと言ってよい．正三角形の作図は，第3章にも述べたように，ユークリッド『原論』第1巻の命題1で与えられている．また『原論』では，正5角形の作図もなされていた．ガウスはこのリストに，一気に三つの数を加えるのである．

　このことは，もう少し説明を要するだろう．問題は，正 p 角形が定規とコンパスで作図可能な，素数 p をすべて求めることにある．ガウスの発見は，そのような素数はすべて，いわゆるフェルマー素数と呼ばれるもの，つまり

$$p = 2^{2^n} + 1$$

という形のものに限る，というものであった．n が0から4までの五つの値をとると，この p は前頁の五つの素数を出力する．n が5以上で，この値が素数になるものは，現在までのところ知られていないが，もしそのような素数 p が他にも見付かれば，それがいかに巨大な数であっても，その正 p 角形は定規とコンパスだけで作図できる．

　しかし，多分それより驚きなのは，ガウスの発見が同時に，作図不可能な場合をも特徴付けていることであろう．例えば正7角形は，この幾何学ゲームのルールにしたがう限り決して作図できない．ガウスの発見は，このような作図不可能性をも保証する，真に驚くべき内容を持っている．

　ガウスはこの発見で，生涯を数学の研究に捧げようと決心したとのことである．

　　　……数学を専攻する決心をしたなどの騒ぎではない．
　　十九歳の青年が第一等の数学者にならんとしている
　　所である*2.

　数学の歴史の中でのガウスの影響力の甚大さとは，19世紀という数学の歴史の中でも特異な時節に思いを馳せれば，この発見をして数学の歴史が動いた瞬間とする高木貞治の意見は，極めて説得力のあるものである．

　ガウスは1777年，ドイツのブラウンシュヴァイクに生まれた．通貨がユーロに切り替わる前の10ドイツマルク紙幣には，ガウスの肖像が描かれていた．それほど有名なのだから，さぞかしブラウンシュヴァイクの人々は，彼を誇りにしているだろうと思いきや，実際に行って人に尋ねてみても，これと言って芳しい反応はなかっ

─────────────────
＊2　高木貞治『近世数学史談』17頁.

たのを思い出す．今でもノルウェーの国民的英雄である
アーベルや，ある程度の教養があるパリ市民なら誰でも
知っているガロアなどとは大違いである．

　理由はよくわからないが，全般的に言ってドイツにも，
数学のような基礎学問の地味さが，派手な国民的英雄の
概念に結びつきにくい風土があるように感じられる．こ
の点日本も似ていると思うが，いかがであろう．例えば，
高木貞治の名前を知っている人々が，どのくらいいるだ
ろうか．

　1795 年から，地元のフェルディナント公の後援を得
てゲッチンゲンに学ぶ．上に述べた正 17 角形の作図可
能性の発見は，まさにその頃の話である．その後，1799
年にヘルムシュテット大学で学位を取得．1807 年以降，
ゲッチンゲン大学教授兼天文台長として，数々の影響力
甚大な研究を行う．1855 年没．享年 77 であったという
から，我々は彼が幸い長寿であったことを感謝しなけれ
ばならない．

　ガウスが歴史上希有な数学の大天才であったことは，
疑う余地がない．しかし，ガウスの多産で尽きることを
知らない創造の連鎖の中に「Der Tod ist mir lieber als
ein solches Leben. （こんなように生きているよりも死ん
だ方がましだ．）」などという書き込みが突然現れるとき，
我々は驚く．経済的窮乏のみが理由ではなかったはずで
ある．クラインは，激しく溢れ出る才能に強制された創
造力の早熟さと疲労に，その理由を求めている．

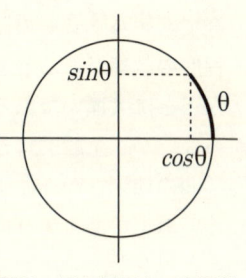

図22　円の弧長と三角函数

　長く険しい道をたどって，ようやく目的地が視界に入ってくると，突然ガウスは立ち止まってしまう．このようなとき，ガウスは精神の危機を迎えるのだ．天才の苦悩というものだろうか．ガウスの場合も，天賦の才能に立ち向かっていくという孤独な努力は，いたく精神をすり減らすものであったに違いない．

解析の新分野

　ガウスの若い頃の成果は，ほとんど算術の教科書の頁裏などに書き込まれた，日記的手記にあるものばかりである．ガウスの生前はその存在すら知られていなかったが，死後，遺品の中から見付かった．それは若いガウスの発見の経過を示した，スリリングな記録である．その1797年1月8日の頁に，ガウスがレムニスケートの弧長積分についての研究を始めることが宣言されている．このことの意義を，簡単に説明しよう．

　サインとかコサインという，いわゆる三角函数は，三

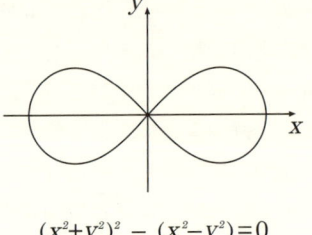

$$(x^2+y^2)^2 - (x^2-y^2)=0$$

図23　レムニスケート

角形の角度を入力すると，それぞれ正弦と余弦を出力する函数であった．ここで，角度には通常ラジアンを使う．これは角度を，半径1の円の弧の長さで表すというものだ．円の全円周の長さは2πであるから，πは180度を表す．こう考えれば，三角函数とは，弧の長さを入力すると，その正弦や余弦を返す函数である，ということになる（図22）．

　非常に大雑把に言うと，ガウスが目指したことは，円をレムニスケート曲線（図23）に置き換えて，同様の函数を考えようということだ．こうして得られる函数は，例えば周期性といった，三角函数と同様の性質を多く持つ．しかし，三角函数とは本質的に異なる現象も，様々に見られるのだ．これはいわゆる楕円函数と呼ばれる函数の，一つの例である．実はこの問題は，ガウス以前にも，イタリアの数学者ファニャーノ（Giulio Fagnano, 1682–1766）によって考察されていた．ファニャーノもガウスも，これによって得られる函数，いわゆるレムニ

スケート函数を調べ，それが三角函数と同様に周期関数であること，加法定理を持つことなどを示している．

　ただ，この新しい函数が三角函数と本質的に違う点は，それが二つの周期を持つことにある．ただし，これを見るためには，積極的に複素数を用いなければならない．そして，それが示すことは，これらの函数の背後には，円のような一次元的な図形ではなく，曲面のような2次元的なものがあるはずだ，ということである．実際その背後には，一般に「楕円曲線」と呼ばれる，ドーナツ面のような図形（とりあえず「楕円」とは関係ないと思うべき）があることがわかるのであるが，それはまだまだ後の話である．

　続いて1799年5月30日に，ガウスはこの新しい函数の周期の一つ，つまり三角函数の場合には「2π」に相当する数が，1と$\sqrt{2}$の算術幾何平均と呼ばれるもので表される数に，小数点以下11桁まで（！）一致することを発見する．これが本当に厳密に一致するなら，解析学の新分野が開かれることになるであろう，とガウスは述べている．

　実際，ガウスの直観は正しく，この二つの値は厳密に一致することが証明され，いわゆる楕円函数のモジュラスの問題，そしてモジュラー函数の理論へとつながっていく．

　しかし，どうしてガウスはそのようなことに気付けたのだろうか．ガウスは驚異的なほど計算が好きで，自分

なりの様々な数表を持っていたことが知られている．しかし，単に数値が似ているというところから，世紀の大発見とも言える，全く新しい数学の分野を見出したのである．あまりにも神がかっている．

足場が残らないように……

先に，かつての 10 ドイツマルク紙幣にガウスの肖像が描かれていたことを述べた．紙幣の表面をよく見ると，正規分布曲線が見えるし，裏面にはガウスが用いた六分儀が描かれている．どちらもガウスの数学上の業績と密接に関連したものであるが，それらばかりが最も重要なものというわけではない．ただ，多くのドイツ人はガウスを数学者としてではなく，物理学者として認識していることは確かなようである．

確かに，ガウスはゲッチンゲンの天文台長であったし，小惑星セレスの軌道計算やパラスの軌道の摂動計算など，当時としては極めて大きな業績を上げている．これらに限らず，ガウスの極めて多産で広い視野に裏打ちされた研究は，応用数学の中にも多くの非凡な業績を残しているのである．つい最近まで，磁束密度の単位に「ガウス」が使われていたことも思い出されるし，最小二乗法との連想でガウスの名を思い出す人も多いだろう．

しかし，ガウスにとって最も重要であったのは，あくまでも純粋数学の領域に属するものであり，特に整数論は「数学の女王」と呼んで，常に憧れと情熱の向く先で

あった．1801 年に出版された，彼の最初の著作『数論研究 (*Disquisitiones Arithmeticae*)』は，それまでの古典的な数論とは一線を画した，真に現代的な流れを創造した作品である．後年彼は，多方面のことに手を出しすぎて，本当になすべきであったこと（数論）をおろそかにしてしまったと悔いている．

　ガウスの 1799 年の学位取得論文は，今日「代数学の基本定理」と呼ばれる定理の証明であった．この定理は，一般に複素数を係数に持つ代数方程式が与えられたら，それは必ず複素数の解を持つ，ということを主張するものである．これを第 8 章で議論した，方程式の可解性の話と混同してはいけない．「代数学の基本定理」の主張がしばしば，いかなる代数方程式も複素数の範囲では「解ける」と解釈されることがあるが，この言い方は極めて曖昧であり，誤解を招きやすい．前述（195 頁）したこととも関連するが，解くということと解が存在するということは，互いに全く異質の問題である．解の存在だけなら，単に存在するという事実のみが問題であるのに対して，解くことにおいては解にたどり着くための方法が問題となるからである．

「代数学の基本定理」自体はガウスの発見ではなく，古くはダランベール（Jean le Rond d'Alembert, 1717-83）が既にそれに気付いていたとされている．オイラーもこれに興味を持ち，証明を試みている．しかし，ガウス以前の証明の試みは，すべて何らかの欠陥があり，完全無

欠なものではなかった. ガウスにおいて, 初めて満足できる証明が与えられたのであった.

　これに限らず, ガウスの仕事には, それまでのものとは一線を画する厳密性への新しい感性が感じられるものが多い. 例えば「初等整数論の基本定理」として知られている定理は, 2以上のすべての自然数は, 素数の積に一意的に分解されることを主張している. 言わば素因数分解が一通りにできるということで, 中学校くらいの初等的な数学で教わる内容である. ガウスは, この命題に完全無欠の証明を与えている. というより, 証明が必要であることを認識したことの方が重要だろう. 特にこの場合, 第11章で述べるように, 素因数分解ができることより, それが「一通りに」できるということの方がはるかに重要であり, 証明も難しいのである. その重要性は, 明らかに, より近代的な代数的整数論の視点に立たなければ本来理解できないものであり, この点でもガウスが時代を大幅に先取りしていたことは明白である.

　学位取得論文の後にも, ガウスはたびたび「代数学の基本定理」の証明に返り, その生涯で4通りの証明を与えている. このように, 重要と思われた命題は徹底して研究し, 何通りもの証明を付けるというのもガウスの研究の特徴で, ガウス自身「黄金定理」と名付けた「平方剰余の相互法則」に到っては, 7通りもの異なった証明を与えた.

　ガウスの, この徹底した完全主義には, いささか負の

側面もある．というのも，ガウスは研究の途上にあるも
のは，いかにそれが数学の発展上重要な内容であっても，
決して公にしなかったからである．前述（168頁）した，
非ユークリッド幾何学の発見についても然りである．

　　　……形式の完備が意に満たないものは決して発表し
　　　なかったのである．建築が落成した後に足場が残る
　　　ようでは見っともない．……[*3]

というのがガウスの言として伝えられている．この「足
場が残らないように」というのが，ガウスの完全主義を
象徴する言葉として有名である．

　しかし，このことをいたずらに美化することはできな
い．足場が残っていても，新しいアイデアや理論を積極
的に発表することで，学問が進展し，厚みが増していく
面も否定できないからだ．実際，遺稿の中から明らかに
なるように（例えば294頁に後述するように），ガウスが
既に到達していたものの中には，それが他の人々によっ
て再発見されるまでに，何十年という長い時間を待たな
ければならなかったものも少なくないのである．

　それはそうとしても，ガウスの業績は以上にとどまら
ない，実に多方面にわたる豊かなものである．それを全
部紹介することは筆者の力量では不可能であるし，その

＊3　高木貞治『近世数学史談』25頁より引用．

ためには多くの頁数を費やさなければならない．だから
このあたりで妥協して，時代を進めることとしよう．し
かしその前に，クラインが19世紀数学史の講義[*4]の中
で述べた，真に印象深い言葉を引用しておきたい：

> ……ガウスはわがバイエルン・アルプス山脈の最高
> 峰ツークシュピッツェの全容が，北側から眺める人
> の前に聳え立つ姿に似ていると言いたい．東方から
> 徐々に高まる丘陵地帯がついには一つの途方もない
> 巨像となって屹立し，急転直下して新しい地層の低
> 地となり，支脈が幾マイルも延々と起伏し，そこで
> は最高峰からとうとうと流れ出た水が新たな生命を
> 生み出していく[*5]．

　1796年3月30日は，青年ガウスの発見の日付だけで
はない．ガウスというその人自身が，18世紀までの数
学を束ね，全く新しい形に統合して，19世紀数学の新
たな生命を生み出した源であり，近世数学の出発点だっ
たのである．

リーマン

　数学の研究において，時の哲学がどのくらい影響を与

＊4　クライン『19世紀の数学』．
＊5　同62頁．

B. リーマン

えるものかは，ちょっと計りしれない．歴史的に見ても，
時代精神と切り離せない数学の発展の方向性に，その時
代特有の哲学的精神の傾向が影響するのは間違いないだ
ろう．ピタゴラスやライプニッツは数学者であると同時
に，哲学者でもあった．彼らにとって数学は，その哲学
思想の一つの実現形であったとも考えられる．

　このように時の哲学思想がいくらかでも数学の発展に
影響をおよぼすという傾向は，特に西洋数学において顕
著である反面，例えば和算においてはほとんど全く見ら
れなかったことが指摘されている*6．このことの善し悪
しはともかくとしても，特に19世紀以降，西洋数学が
他の地域の数学とは比べものにならないほどの広がりと
豊 饒さを獲得する上で，このような哲学からの影響は

＊6　小倉金之助『日本の数学』99頁.

無視できないファクターであったように思われる.

　リーマンにおいて 19 世紀西洋数学は一つの大きな革命を経験するが, その言わばパラダイムシフト的な側面は, 単なる手法や技術の新しさでない, 真に根本的な思想の新しさから生じるものである. その革命の思想性に注目するならば, 微積分の発見にも, 非ユークリッド幾何学の発見にも見られない, 真に数学の歴史始まって以来の大変革であった. そこでは哲学的思想が数学の発展方向の大枠そのものに, 直接的な影響を与えている. いや, 単に影響しただけにとどまらず, それと歩みをともにしているとすら言い得る.

　リーマン (Georg Friedrich Bernhard Riemann, 1826–66) の仕事は, ヘルバルト (Johann Friedrich Herbart, 1776–1841) の哲学から多大な影響を受けている. 確かに, リーマンの数学上の仕事や, その思想的な背景を踏まえてヘルバルトの思想を読むと, それがリーマンの仕事の方向性やその意義において, 印象的なまでに多くの点で整合し合っていることに気付く.

　だから, リーマンの仕事について述べる前に, ヘルバルトの思想の一部分を要約するのは, 有意義であろうと思う. シュヴェーグラーによれば, ヘルバルト哲学における認識論の根幹は, 大体以下のように要約できる:

・思考の根底にあるのは経験であり, 経験のみが思考を導く唯一の契機である.

- しかし，それだけでは思考は始まらないので，経験に対する積極的で高い懐疑によって，経験を超えなければならない．
- その際，経験が内的に矛盾した本性を持っている以上，思考は修正を繰り返しながら，偽の表象を除去していく必要がある．
- そして，こうして得られた概念の集合体が，認識論的な「実体」を形作る*7．

　ここにおいて印象的なのは，ヘルバルトの学習的であると同時に叡智的でもある実体の捉え方である．認識のプロセスそのものの是非はともかくとしても，これはまさに，数学者が数学上の対象や概念などが実在している，という信念を持つプロセスに，どこまでも酷似しているような気がしてならない．有り体に言えば，ベクトル空間について積極的に考えたり，問題を解いたりして経験を重ねることで，ベクトル空間というものが実在感をもって理解できるようになる，ということを裏書きしているようにも思えるのである．リーマンの仕事との関連で言えば，これはリーマンにおける概念の優位と，その仮説性に密接な関係がある．

　リーマンは 1826 年，ドイツ・ハノーファー王国ブレ

---

*7　以上，シュヴェーグラー『西洋哲学史』下巻，谷川徹三・松村一人訳，岩波文庫（1958）214 頁以下．

ゼンツのルター派の牧師の家に生まれた．幼少の頃から恐ろしく臆病で，内気な性格であったという．そのために人付き合いが苦手で，惨めな思いをしたことも多かったろう．その上，彼は生まれつきの虚弱体質であった．リーマンは1866年に39歳の若さで他界しているが，これはあらゆる角度から考えて，リーマンの天才がまさにこれから実った稲穂を刈り取ろうとしている矢先である．次に引用するベルの言葉は，リーマンの天才の表現として簡潔である：

　　数学者としてのリーマンの偉大さは，その諸方法の力強い普遍性と，限りない広がり，および純粋・応用数学の両方に彼が開いた新しい観点などにある．問題の細部にこだわることはなかった．広大な問題の全体をまとまった統一体とみた．未完成の仕事についての断片的な覚え書きさえ，どれもこれも，彼の斬新さを思わせるものばかりで，リーマンの死があまりに早すぎたことがますます悔やまれるのである[8]．……

　この本の主題とも関連して，我々にとって最も興味あるのは，まさにその「まとまった統一体」としての数学の見方である．ここにリーマンの影響の真にパラダイム

---

[8]　E. T. ベル『数学をつくった人びと』下，227頁．

シフト的革命性がある.

代数函数と面

　ファニャーノやガウスによって密かに始められた楕円
函数論は, さらに一般の代数函数やその積分に関する理
論に一般化される. その未開の地に英雄的な一歩を踏み
出したのはアーベルであった[*9].

　代数函数というのは, その誤解を招きやすい名前にも
かかわらず, 一般には函数ではない. もっと難しいもの
である. ファニャーノやガウス, アーベルといった, 初
期の代数函数論をリードした人々は, この難しい対象を
巧みな計算のテクニックによって考察し, 実り多い成果
を上げていた.

　ただ, このような「計算」によるアプローチが早晩破
綻の憂き目に遭うべきことは, 当時も薄々感づかれてい
たものと思う. 計算があまりにも複雑になりすぎていた
からである. そこには, 代数函数が函数のようで函数で
ない, 非常にデリケートな対象であったことが災いして
いる.

　だから, 時代は抜本的に新しい方法を必要としていた.
計算によるのではない, 全く新しい形の数学が要求され
ていたのだ. そして, それに見事に応えたのが, リーマ

＊9　その仕事がパリのアカデミーによって, どれだけ失礼な待遇を受
けたかは, 既に199頁で述べた通りである.

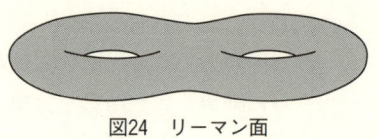

図24　リーマン面

ンによる面の理論である.

　リーマンは代数函数を考える代わりに, それが住んでいる「面」を考えることを提唱した. 代数函数が難しいのは, それが普通の座標軸で書けるような世界には住んでいないからである. 言わば, それが住んでいる本当の世界は, 別にあるということだ.

　実際にこの面を描いてみると, 図24に示すように, 穴がいくつか空いた浮き袋の表面のような図形になる. この穴の個数は種数 (genus) と呼ばれ, 代数函数から決まる非常に重要な不変量である. ファニャーノやガウスが密かに計算していた楕円積分の場合は, この種数が1の場合で, つまり穴の個数が一個, ドーナツ面 (トーラス) になる場合である.

　リーマンは, 代数函数は面であり, 面は代数函数である, と述べる. ここでいう代数函数とは, 一個一個の代数函数ではなく, それらのいくつかが集まってできた体系, いわゆる代数函数体と呼ばれるものだ. これは対称性を集めて群というものを作った (204頁) のと同様に, 代数函数が集まって一つの整合的な体系をなしたものである. リーマンは, このような体系を考えることと, 面

を考えることは同じことだと言明した.

　そして一つ一つの面の上でも，対応する代数函数の集まりの中から，さらに細かく代数函数を分類するために，いわゆる「リーマン＝ロッホの定理」という基本的な定理を提唱した．これはリーマンの最も重要な基本思想である「概念による函数の感得」を実現したものである.

「計算すること」と「見ること」

　ちょっと説明が専門的になってしまったきらいがあるので，以上のことの意義を，今までもしばしば登場した，「計算する」ことと「見る」ことの対比という観点から，もう少し嚙み砕いてみよう.

　例えば，ユークリッド幾何学における命題やその証明を見て，我々が正しいと確信できるのはなぜだろうか．西洋的数学はこの点について，ギリシャ数学の頃から敏感であった．西洋数学の歴史の中では背理法や数学的帰納法など，様々な論証の技術が開発されたのであったが，ことユークリッド幾何学における「正しさを確信させる方法」には，図形から見てあからさまに正しいと認識される「見る」直観が大きなウエイトを占めている．つまり，論証の最終的な決済は，一にも二にも「見る」ことだったのである.

　それ以後の幾何学の流れには，この「見る」ことを，できるだけ数式や方程式の計算による機械的な作業で置き換えよう，という方向が大勢であったことが思い起こ

される．ヴィエトによる代数解析のプログラム然りであるし，デカルトによる座標の導入も，その最たるものである．射影幾何学は，確かに最初は直観的な立場からスタートしたが，論証の優雅さを強調するため，次第に形式論理的になっていったし，プリュッカーによる座標の導入などもあったわけであるから，やはり同様の道をたどっている．このようにして機械的な作業が多くなった分，当然ながら，扱える対象の複雑度も増すことができた．より多くの対象についての知見を，幾何学は得ることができるようになったのである．

しかし代数的な数式による取り扱いが高じて，その複雑さのあまり二進も三進も行かなくなると，リーマンによって，また再び「見る」ことに回帰せざるを得なくなる．もちろん，計算魂が全く否定されるわけではない．言わば直観と計算のバランスが，劇的に変わったのである．それによって，式の計算によっては，到底把握しきることのできなかった様々な概念が，統一的に把握されるようになった．この点が，リーマンによる面の理論の驚くべき点であり，後世への影響力が多大な点である．

リーマンによって言明された，面は代数函数であるという部分の論証には，今日「リーマンの存在定理」と呼ばれている基本的な定理が必要である．その証明のために，リーマンは電磁気学からの直観をヒントにして，ディリクレ原理と呼ばれる手法を使うが，この点が後にワイエルシュトラス（Karl Weierstrass, 1815−97）によっ

K. ワイエルシュトラス　　　D. ヒルベルト

て反駁されることになる．実はリーマン自身はこれを証明しきることができなかった．

　この部分は，面という解析幾何的な概念と，代数函数という代数的な概念との間にかかる橋の役目をする非常に重要な部分であり，また，その証明が非常に難しい部分である．ワイエルシュトラスの反駁の後，ようやく1901 年にヒルベルト（David Hilbert, 1862−1943）によって，その証明は完成された．

　　　……しかしながら大事なことは，リーマンや彼の弟子達の研究において，ディリクレ原理が強力な発見的方法という歴史的役割を演じたことである*10．

　つまり，証明されるかどうかではない，発見の契機の重大なものを，ディリクレ原理がリーマンに与えたとい

うことだ．真に英雄的な発見の物語を象徴することではないだろうか．

　以上によって明確になることを，もう一度述べておきたい．リーマンが言明したことを，非常に大まかに述べると，

- 函数の概念（代数函数体）
- 面の概念（コンパクトリーマン面）
- 形の概念（非特異射影曲線）

の三つの概念が，一つに統合されるということである．これをもって筆者は，一次元代数幾何学の三位一体と呼んでいる．本来，出自もそれを扱う感性も違う三つのものが，一つの姿に統一されるわけだ．そして，ヘルバルトの言う「実体」として，より強固で強烈な存在感を持つことになる．

　この三位一体的統合の歴史的な意義について最後に述べよう．この思想上の統合によって，ファニャーノやガウスの研究した楕円函数論に端を発し，アーベルによって踏み出された，いわゆる代数函数論という学問体系と，前章に解説した射影幾何学の体系が，「代数幾何学」という一つの流れに合流することになった．この両者は，既にそれぞれ一つの学問として自立して久しく，壮大な

＊10　Kolmogorov, A. N.; Yushkevich, A. P.: *Mathematics of the 19 th century — Geometry, Analytic function theory*, translated from the Russian by Roger Cooke, Birkhäuser Verlag, Basel, Boston, Berlin (1996), p.214.

数学体系に発展していたものである．リーマンの天才は，これらの既に壮麗であった学問を，さらに壮大な流れに合流させ，一つの統一体として現出させたわけだ．

概念による数学

数や函数による「式」を扱うのではなく，それらを統合する「概念」によって数学をする，というリーマンの基本的な思想は，上に見た代数函数論におけるものばかりではない．フェレイロの本[11]は，19世紀から20世紀にかけての，数学そのものに対する認識の転換点について，リーマンが重要な契機を与えていたことを浮き彫りにしている．

そもそも19世紀前半においては，ガウスにおいてすら，数学が扱う対象は数であり，函数であり，図形であった．しかし20世紀の数学においては，数学者は主として「集合」を扱っている．もちろん，ほとんどの数学者にはそのような意識はないかもしれない．しかし，20世紀以降の数学にとっての論証の最終的な決済の手段は何かと尋ねられたら，ほとんどの数学者は，それは集合であると答えるはずである．

先に我々はリーマンの面の概念が，いくつかの一見異なった概念を統合した統合概念であることに驚いたので

---

[11] Ferreirós, J.: *Labyrinth of thought——A history of set theory and its role in modern mathematics.*

あるが, ここに来て, そもそも「集合」という概念が, 数も函数も図形も, すべてを統一的に引き受ける概念となっていることに気付く. 19世紀以前の数学における様々な感性の発動の流れが, いつの間にか一つの統一された基礎の上に流れているのを見るのである. そう思えば, これは驚くべきことではないだろうか. 少々極論すれば, ここに西洋数学の, 東洋数学との間の明確な差異化の頂点を見る思いがする.

1854年にリーマンは, 教授資格取得のための『幾何学の基礎にある仮説について』という講演を行っている. その中に, 次のくだりがある:

> ……様々の規定法を許す一般概念が存在するときだけ, 量概念というものは可能です. これらの規定法のうちで, 一つのものから別の一つのものへ, 連続な移行が可能であるか, あるいは不可能であるかにしたがって, これらの規定法は, 連続あるいは離散的な多様体を成します. 個々の規定法を, 前者の場合, この多様体の点と言い, 後者の場合, この多様体の要素と言います[*12].

ここでリーマンが「多様体」と名付けるものは, 現在

---

*12 ラウグヴィッツ『リーマン——人と業績』山本敦之訳, シュプリンガー・フェアラーク東京 (1998) 358頁.

では数学における「空間」を表すものとして使われているが，この用語がヘルバルトから来ていることを考えると，リーマンはそのような限定的な意味にばかりこの言葉を用いていたのではないと思われる．前述の通り，ヘルバルトにとって，実体とは概念の集合体であるわけであったが，多様体（Mannigfaltigkeit）とは，その集合体を表す言葉なのである．ここで大事なことは，概念が実体を決める，ということだ．リーマンも述べているように，初めに概念があって，それによって意味付けがされた多様体，例えば空間などを考えることが可能となるというわけだ．

　ここには「初めに概念ありき」という思想が，明確に述べられている．この思想が，前述した「計算すること」から「見ること」への移行につながる，数学のアプローチにおけるコペルニクス的転回をもたらしたわけだ．それだけでなく，これは自然の中の「そこ」にある対象を研究するという数学の古典的あり方から，自然からいったん離れて，抽象的なモデル，あるいは公理系といった理論の枠組みを構成して，その内的な整合性を吟味するという，数学のより現代的な立場への転換点でもある．

　その一つの直接的な現れが，リーマン幾何（297頁）に見られる．リーマン幾何の立場は，一見空間に不可分のように見える長さや角度といった概念，いわゆる計量概念を，我々が経験から修正を繰り返して獲得した仮説性のある抽象的な概念として，我々自身が空間に授ける

という考え方である．これはその後の空間概念の発展の
歴史に，非常に重要な影響を与えた．

集合論

　しかしそれだけでなく，この転回によって，次第に数
学の対象に対する考え方が根本的に変わっていくこと，
およびその歴史的な意味にも目を向けなければならない．
つまり，数学的対象は我々が作るべきもので，それは
様々の概念のヘルバルト的な集合体＝多様体として，概
念から決まる構造を我々自身によって与えられたもので
ある，という考え方である．リーマンの頃は，したがっ
て，まだ扱う対象は「概念の集まり」そのものであった
と言えよう．リーマンによる「面」も，リーマンの頭の
中では，まだ概念そのものと未分化であったかもしれな
い．

　しかし時代が進むごとに，次第にこの「実体」が目に
見える対象として捉えられるものとなるように，人々は
様々に試行錯誤を繰り返していった．つまり，何らかの
基本的な建築資材を仮定して，それによって，概念を外
延的実在にするという動きである．この建築資材が，他
でもない「集合」である．19世紀後半の数学は，この
集合という資材を，広く数学一般に応用できる普遍的な
インフラとして整備することになる．

　19世紀末の集合論の創始においては，実数の連続性
の概念が極めて深く関わっている．前著『数学する精

神』の第2章でも述べたことであるが，実数の連続性は非常に難しい概念である．そこにあるのは，まさに直観的に「見る」ことによって素朴に要請される連続性，つまり「つながっている」という感覚を，算術的な「計算する」という基盤にのせる上での困難であった．そしてそこには，例えば古代ギリシャのゼノンのパラドックスに見られるような，宿命的な逆理があるわけだ．

　この問題は，第5章において問題となった，無限小量の概念のパラドクシカルな本性とも，密接に関連している，非常に奥深いものである．17世紀における微分積分学の発見は，前述の通り，その基礎付けを与えるべき無限小量の概念が脆弱だったため，激しい論争を巻き起こした．言わば，数学的実体と理論の基礎となるべき土台部分との間に，ゼノンのパラドックスと本質的に同等の，逆理的不整合があったわけだ．18世紀数学は，その全くのびやかな発展の裏で，この問題を先送りしてきた．そして今や，そのツケを集合論という概念装置が払おうとしているのだ．

　実数自体が持つ，このパラドクシカルな本性は，そもそも元をただせば，第1章にも述べた，古代ギリシャ数学が内に抱えていた，「連続」と「不連続」の間の葛藤にまで，その起源を遡ることができる．もともと「見る」ことで直観的に捉えられていた連続量を，「計算する」という算術の土台の上に再構築しようという試みは，ピタゴラスの昔からの因縁の問題であった．この問題に，

概念による数学という立場から解決を図ったのが，集合論ということになる．

西洋数学を集合論へと導いた契機は，他にもいろいろある．例えば，フーリエによる函数の三角函数による展開，いわゆるフーリエ級数の技術の導入も，その一つである．

フーリエによって導入されたこの方法は，熱方程式などの問題を解く上で，非常に強力な道具を提供した．一方で，フーリエは「すべての函数」が，三角級数に展開できることを期待したが，この手の論証的問題を解決するには，まだ時代が早すぎたのである．後には，この問題が函数の不連続性の複雑さと関わっていることが認識されてきたが，そのため，そのような不連続点の「集まり」，つまり集合を記述する言葉が要請された．実際，リーマンも学位論文ではフーリエ展開の問題を考察している[*13]し，初発の集合論の立役者の一人であるカントール（Georg Cantor, 1845−1918）の初期の仕事も，もっぱらこの分野に属するものであった．

リーマンの思想を具体化する方向で，集合論を整備し，現代的な数学の最も基本的な言葉として発展させたのは，主にデデキント（Richard Dedekind, 1831−1916）やカントールといった人々である．集合論以前の数学において

[*13]　その道程でリーマンは，今日「リーマン積分」と呼ばれている積分の定義を与えている．

R.デデキント　　　　G.カントール

は，数や量や図形，函数といった，数学における様々な
「実体」は，それぞれ独立に認識されるべき概念であっ
た．しかし，集合論によれば，これらはすべて集合の言
葉で一律に記述できることになる．数が集まれば集合を
なすし，図形は「点」の集まりとしての集合ということ
になる．

　この状況は，当時の人々には，全く楽園的なものに思
われただろう．まさに数千年来の苦悩が晴れ，すべての
数学を統一する普遍言語が，ついに見付かった！

再び体系の危機

　しかし，やはりそうではなかったのである．19世紀
から20世紀にかけて，次々にその新しい普遍数学の試
みの中に，不整合が見付かったからだ．実際，1897年
にブラリ・フォルティ（Cesare Burali-Forti, 1861−1931）

B. ラッセル

が，1908年にはバートランド・ラッセル（Bertrand Russel, 1872–1970）が，集合論の中にパラドックスが潜んでいることを明らかにした．言わば，ピタゴラス派の「通約不可能性の発見」のときと同様に，基本思想と実体との間の不整合が見付かったわけである．そしてこのパラドックスを克服する道程にも，「通約不可能性の発見」のときに似た傾向性を認めることができる．

通約不可能性の発見からユークリッド『原論』に到る歴史の推移において，特に重要だったのは「比の理論」や「取りつくし法」という新しい理論装置の開発であった（58頁）．それがギリシャ的数学におけるナイーブな「割り算」から，より高度な比の取り扱いを可能とし，ユークリッドの体系へとつながっていったわけだ．このような，言わば，より一般的で巨大な概念装置の開発によって困難を乗り切るという特徴が，集合論の危機を乗

り越えようとする歴史の推移にも見られるのである．具体的には，例えばヒルベルトらによる公理的数学の発想であり，それがもたらす「公理的集合論」という巨大な概念装置である．

公理的集合論とは，簡単に述べると，集合に関する理論をすべてゲーム化してしまうという試みである．つまり，ものの集まりであるという素朴な性質を大胆に健忘して，できるだけ形式的な記号のゲームに還元しようというものだ．前述（70頁）の通り，ユークリッド幾何学は幾何学ゲームとしての側面を多く持っていたのであるが，この考え方を数学全体の建築資材である集合の概念に，より徹底的に適用しようというのである．

基本的な考え方はこのようなものであるが，ユークリッド『原論』の幾何学ゲームの場合とは比べものにならないほど，公理的集合論というゲームマシンは巨大で複雑なものとなった．それだけに，21世紀の現在になってもなお，まだ公理的集合論について歴史的判断を下すことは時期尚早であるかもしれない．しかし，これだけは言えるだろうと思う．ピタゴラス派の通約不可能性の発見が，より完成された実数の概念へとつながったように，集合論のパラドックスも，より大きな枠組みを生み出したという意味では，非常に生産的であった．しかし，本質的な問題，つまり形式的算術と外延的直観との融和という問題を，公理的集合論は結局は先送りしてしまったのである．インフラ装置としての巨大さや複雑さにも

問題があるし，いわゆる「選択公理」をめぐる論争など
も，この問題を象徴している．

　とは言っても，やはり，19世紀数学が残した遺産は
莫大なものであった．それは人間の数学的実体に対する
認識能力の限界を，驚異的なまでに広げたのである．大
局的な体系認識からのアプローチによる，算術と直観の
融合．その究極の目標は達成されたとは言えないが，そ
れでも20世紀のほとんどの間，数学者はその不具合を
ほとんど全く意識することなく，安心して数学を進歩さ
せることができた．それは少なくとも20世紀の間は，
ほとんど完全な楽園を現出させ，世界を席巻することに
なったのである．

第11章

フェルマーの最終定理

*Cubum autem in duos cubos,
aut quadratoquadratum in duos
quadratoquadratos, et
generaliter nullam in infinitum
ultra quadratum potestatem in
duos eiusdem nominis fas est
dividere cuius rei
demonstrationem mirabilem
sane detexi. Hanc marginis
exiguitas non caperet.*

フェルマーによる，バシュ翻訳のフランス語版ディオフ
ァントス『算術』への書き込み（本文 269 頁）.

フェルマーの数論

数学の歴史の中でも，一つの特定の難問が何世紀にもわたって数学者たちの挑戦を受け続けるという事例は，あまり多くないと思われる．そのような一つの，非常に有名な事例は「フェルマーの最終定理」についての歴史であろう．フェルマーがこの問題を提起したのは，1637年近辺のことであったとされており，アンドリュー・ワイルスによって解決されたのが1994年であるから，実に3世紀半以上もの長きにわたって展開された挑戦史ということになる．

しかし，フェルマーの最終定理への挑戦史の歴史的意義は，これのみにとどまらない．もっと重要なことは，この問題に取り組むことが，特に19世紀以来の代数学が飛躍的に進歩する大きな動因となったことだ．問題解決への取り組みに限って考えてみても，それが初等的なアプローチから決別し，新しい方向性を模索し始めたのは19世紀になってからである．その道程には，いわゆる代数的整数論という整数論への新しいアプローチがあるし，20世紀に入って以後の発展の背後では，前章のリーマンを始祖とする代数幾何学との緊密な連携プレイが，次第に重要な意味を持つようになる．そこでは数と数との初等的な計算では到底なされ得ない，19世紀的，あるいはそれ以降のものである，統合概念による数学が展開されなければならない．そしてまさにフェルマーの

最終定理への挑戦史は，こういった真に近現代的な数学の進歩と，常に歩みをともにしてきたのだ．したがって，フェルマーの最終定理の提起自体は 17 世紀と古いが，それにまつわる歴史の重要な部分は，優れて 19 世紀以降の近代数学史に属するものである．

とはいえ，フェルマーの問題とその背景を概観するため，しばらくの間，17 世紀の状況に遡ることにしよう．

前述した通り（第 5 章），フェルマーは微分法の萌芽的研究に本質的な寄与をもたらした人物として有名であるが，実はそれよりむしろ，近代的な整数論の萌芽的な研究で有名な人である．

フェルマーが発見し，後の数論に決定的な影響を与えた珠玉の定理のいくつかを紹介しよう．例えば「フェルマーの小定理」は，

- 素数 p で割り切れない整数 a を $p-1$ 乗したものは，p で割って必ず 1 余る．

というものである．また，有名な「2 平方和定理」は

- 4 で割って 1 余る形の素数 p は，必ず何らかの整数 a, b によって $p = a^2 + b^2$ と表される．

ということを主張している．これは 20 世紀の大理論の一つである「類体論」という理論の先駆けとも言える，

真に格調高い定理である.

　どちらの定理も，完全に初等的な議論のみで証明することは可能である．しかし，その証明には代数学や整数論に関する，かなり高い見識が必要だ.

　フェルマー自身はいかにして，このような高みにまで昇ることができたのだろうか．フェルマーは，基本的には，前述のディオファントス『算術』から数論を学んだとされている．フェルマーの時代は，アラビア世界に一時避難していた，古代ギリシャやヘレニズム期の高い学識が，西側世界に再輸入され，普及していた時代である．その中にはフェルマーが愛読した，バシュ翻訳のフランス語版ディオファントス『算術』もあった.

フェルマーの問題

ディオファントス『算術』の第2巻第8問は

- 与えられた平方数を，二つの平方数の和に分解せよ.

というものである．つまり，与えられた平方数 z^2 を
$$x^2 + y^2 = z^2$$
の形に書きなさい，ということで，他でもない前述の「ピタゴラスの三つ組」の問題である．ピタゴラスのところ（55頁）でも述べたように，このような三つ組 (x, y, z) には無限に多くの自明でない解があるのであった.

　フェルマーは，この問題の記載箇所に，次のような非常に有名な註釈を残している．

　　立方数を二つの立方数の和に分解したり，4乗数を
　　二つの4乗数の和に，さらには，より一般の高いべ
　　きの数を二つの同じべきの数に分解することはでき
　　ない．私はその真に素晴らしい証明を発見したが，
　　この余白は狭すぎて，それを書き記すことはできな
　　い．

　では，余白が十分広かったら，本当に証明が書かれたのであろうか．いずれにしても，その余白の狭さは，数学の歴史を変えたのである．
　フェルマーが述べていることは，3以上の n に対しては，$x^n + y^n = z^n$ を満たすような自然数は存在しないということである．この言い方は，ちょっと曖昧な点が残るので，もう少し正確に述べよう．

　　・フェルマーの最終定理：整数 x, y, z と $n \geqq 3$ な
　　　る整数 n について，
$$x^n + y^n = z^n$$
　　　が成立するなら，$xyz = 0$ が成立する．

　最後の $xyz = 0$ というのは，x, y, z のうち少なくとも一つは0であることを示している．そのような場合は，

例えば $y = 0$ で $x = z$ のような場合もあり，明らかな解が存在してしまう．フェルマーの最終定理は，そのような自明な解より他に，もう解はないということを主張しているのである．

　なぜ，これが「最終定理」と呼ばれるのか．それは，フェルマーがバシュ訳のディオファントス『算術』に書き込んだ，数多くの書き込みのうち，これだけが最後に未解決のまま残ったからである．これらの書き込みのほとんどが，フェルマーによって説明が与えられていない場合でも，正しいものであることが後年はっきりしたし，それらが整数論に新たな視点を提供する，大事なものであることも次第にわかってきた．そのため，この最後に残った「定理」も正しいはずだ，そして何か大事なことを秘めているはずだ，と思われたわけである．

　初期の人々のそのような期待にもかかわらず，現在ではフェルマー自身がこの問題の解答を本当に持っていたかについては，非常に疑わしいと思われている．フェルマーは $n = 3$ や $n = 4$ の場合の証明について，個別に書簡の中で言及することがあった．一般的な証明を持っている人が，思い出したように，$n = 3$ や $n = 4$ の場合の証明について語るのは，ちょっと不自然なことだ．欄外書き込みには，あのように記していたが，その後フェルマーはその勘違いに気付いたのではないか，というのが大方の見方である．

素因数分解の問題

この問題に対する挑戦の歴史の中で，とりわけ印象的な，19世紀のある事件について述べよう．そのために，前章のガウスのところ（241頁）でも述べた「初等整数論の基本定理」について，若干詳しく説明する必要がある．それは，いわゆる素因数分解に関する話題であった．

そもそも，素数とは何だったか，ということから話を始めなければならない．ユークリッド『原論』第7巻の定義11には，次のようにある．

　　素数とは単元によってのみ約される数である．

このような形の定義は，今でも普通に用いられている．言わば，最も一般的な定義である．それは，要するに，1と自分自身より他には正の約数を持たない数，ということだ．つまり，2以上の自然数 p が素数であるとは，

　　（A）自然数 $a,\ b$ によって $p = ab$ となるなら，$a = 1$ または $b = 1$ である．

ということを意味している．

しかし，実はこの性質（A）だけでは，素数について議論する上で弱すぎるのである．ユークリッド『原論』第7巻の命題30には，素数 p の性質として，次のものが証明されている．

　（B）自然数 a, b について，p が積 ab を割り切る
　　　　ならば，p は a または b のどちらかを割り切
　　　　る．

　実は，素数の性質として，この性質（B）こそが真に
重要なものなのだ．実際，性質（A）は性質（B）から
簡単に証明することができる．

　もちろん性質（B）も，それは証明できる定理なので
あるから，性質（A）と等価なものだとも言えるだろう．
それは確かにそうなのであるが，その見方にとどまって
いると，より近代的な代数的整数論の見識には到達でき
ない．それに，実際にやってみるとわかることであるが，
性質（B）を性質（A）から証明することは，全く簡単
ではない，かなり高度な議論が要求されるものである．
第1章で述べた，ギリシャ人の割り算——つまり商と余
りを求めるというタイプの割り算のアルゴリズム——と，
数学的帰納法のようなちょっと難しい証明技術が必要だ．
腕におぼえのある読者は，挑戦してみるとよい．全然簡
単なことではない．かなりじっくり考えなければならな
い問題であることがわかるだろう．素数の定義のような，
極めて基本的な事柄の中にも，非常に高度な数学の概念
や技術が隠されていること示す，格好の題材である．

　数の性質や定理に優劣の順序を付けるのは，明らかに
人間の勝手な価値観である．しかし，それは時として重

要な認識ともなる。今の場合，素数の性質として，性質
（A）より性質（B）の方がはるかにエライ。なぜなら，
それは整数という体系における素数の，より深い性質を
物語っているからである。

　そしてその優劣は，これらの性質の「初等整数論の基
本定理」への応用にも現れている。この定理は，次の二
つのことを主張する：

- 2以上のどんな自然数も，素数の積に分解される
  こと，つまり素因数分解ができること。
- そしてその分解は，現れる素数の順番を除けば，
  ただ一通りであること，つまり素因数分解が一意
  的であること。

　最初の主張はユークリッド『原論』では第7巻の命題
31である。その証明は数学的帰納法を用いなければな
らないが，本質的には性質（A）しか使わない。だから，
実はそれほど深い内容ではないとも言える。しかし，二
番目の主張，素因数分解の一意性の方は，性質（B）を
使わなければならない。

　だから，素因数分解が実際できるということよりも，
それが一通りにしかできないということの方が，実は内
容的により深いことを主張しているのである。それは確
かに非常に微妙なポイントであり，見落とされがちであ
る。ユークリッド『原論』においてすら，その点をはっ

きりと述べた箇所は見出せない．このポイントの重要性に正しく気付いたのは，多分，前章に述べたように，ガウスが最初であっただろう．そして，以下に述べる事件も，この微妙で深いポイントに関わっているのである．

初期の状況

まず，フェルマーの最終定理に対する，初期の挑戦の軌跡を軽く概観しよう．

フェルマーの最終定理の証明のためには，実はすべての n について考える必要はない．$n = 4$ の場合と，n が奇数の素数である場合を考えれば十分である．$n = 4$ の場合はフェルマー自身によって証明されているから，n が 3，5，7，11, … という奇素数の場合を扱えばよい．

$n = 3$ の場合は，前出のオイラーが証明を残している．$n = 5$ の場合はこれも前出のルジャンドルが，$n = 7$ の場合はラメ（Gabriel Lamé, 1795−1870）が証明した．$n = 4$ の場合が，もちろん決して容易ではないが，多分，一番簡単な場合である．$n = 3$ が次に簡単な場合ということになるであろうが，その難しさの度合いは $n = 4$ のときに比べて，飛躍的に増大する．その証明を，何も見ないで無手勝流でできたら，自分には数学の非凡な才能があると思ってよいだろう．

ソフィー・ジェルマン（Marie-Sophie Germain, 1776−1831）は，フェルマーの最終定理そのものに対する寄与

ではなかったが，1823 年にこれに対する初めての一般的結果を得ている．

　ヨーロッパの大学やアカデミーの中には，フェルマーの最終定理の解決に，多額の懸賞金をかけるところもあった．しかし，このようなことは慎重にしなければならない．実際，その結果，証明と称するものが洪水のように送られてくることになるからである．それほど，この問題に対する興味は大きかったのであるが，その対処に追われる側は余計な仕事が増えたわけだから，たまったものではなかっただろう．

　筆者がヨーロッパのある大学を訪問していたときにも，それがワイルスによる解決の後であったにもかかわらず，そのような偽証明が寄せられていた．その証明は封筒ごと大学院の学生に手渡される．最初の間違いを見付けて，既に文面が用意されているハガキの空欄に，間違いの頁と行番号のみを記入して速やかに送り返すのが，彼らの仕事である．

パリ学士院での事件

　1847 年 3 月 1 日のパリ学士院集会は騒然としていた[*1]．そこではラメが，フェルマーの最終定理の完全な証明を持っていると宣言し，その証明の方針の概略につ

＊1　以下の記述では，足立恒雄『フェルマーの大定理——整数論の源流』数セミ・ブックス 12，日本評論社（1984）158 頁以下を参考にした．

いて説明したからである．これより数ヶ月もたたないう
ちに，これは数学の歴史上でも珍しい，スキャンダラス
な悲喜劇に発展してしまうのであるが，その経過の意義
を述べるためにも，ラメの証明の基本的アイデアについ
て，ほんの少しだけ触れておく必要がある．

　そこには「整数」の概念をより一般的なものに拡張し
ようとする意図があり，まさにそこが重要なポイントな
のだった．とりあえず数式で書いてみると（わからなく
てもよい），ラメの「証明」は，

$$x^p + y^p = (x + y)(x + \zeta y) \cdots (x + \zeta^{p-1} y)$$

という因数分解を出発点としている．ここで p は奇素
数で，ζ は1の原始 p 乗根と呼ばれる複素数である．
これをもとにして，ラメは

$$a_0 + a_1 \zeta + a_2 \zeta^2 + \cdots + a_{p-1} \zeta^{p-1}$$

という形の数（ただし $a_0, a_1, \ldots, a_{p-1}$ は整数）を「整数」
のように思って，整数論を展開するという発想を得たの
であった．

　この発想そのものは，非常によいものである．ただし，
ラメはほんの少しだけ注意力が足りなかった．というの
も，このような「整数」の世界で，本当に普通の整数の
ようなことがすべてできるとは限らないからである．

　事実，問題とされるのは，この拡張された意味での整
数の世界で，上述の性質（A）から性質（B）が証明で
きるか否かという問題であった．そして，まさにそこに
罠が隠されていたのだ！

　だから，この世界では「素因数分解の一意性」は，一般に成立しないのだ．そのため，通常の整数論と同じような議論をどんどん展開していくことはできない．ちょっとでも深いことを議論しようとすると，たちまち，性質（B）が必要となるからである．

　これは別の言い方をすると，第1章に述べたギリシャ人の割り算が，この拡張された整数の体系では実行できないということをも示している．非常に基本的だが微妙なレベルで，難しさが生じていることがわかるだろう．

　さて，同じ集会に同席していたリューヴィル（204頁参照）は，ラメに続いて壇上に立ち，まさにこの欠陥を指摘したのである．その部分がはっきり解決されない限り，ラメの証明を受け入れることはできないと述べた．

　続いて壇上に立ったのはコーシーで，彼はこともあろうに，自分もラメと同様に考えていた，と述べたのである．つまり，証明が完成した暁には，自分も先取権を主張する権利があると宣言したのだ．

　ラメもコーシーも，非常に有名で素晴らしい仕事をしている数学者である．しかし，この点についてはいささか勇み足が過ぎた形だ．それから数ヶ月は，ラメとコーシーとも矢継ぎ早に論文を書いて発表．息もつまるようなレースが展開された．

　しかし5月22日になって，ドイツの数学界とパイプのあるリューヴィルが，クンマー（Ernst Eduard Kummer, 1810−93）から一通の手紙を受け取って，事態は急展開

G. ラメ　　　　　　　　A. L. コーシー

を見せるのである.

クンマーと代数的整数論

　結論から言うと, クンマーからの手紙には, まさに上
で問題になった素因数分解の一意性が, 一般の整数体系
では成立しないことが明瞭に述べられていたのであった.
つまり, このような一般の整数論の体系においては, 性
質（B）は性質（A）より本当に強い. つまり, エラす
ぎて一般には成立できないということなのである.

　クンマーはそのような事実に, 既に何年も前から気付
いており, 1845 年頃には画期的な業績を上げていた.
クンマーは, この失われた素因数分解の一意性を, 実質
的に取り戻す手だてはないものかと模索を続け, 理想数
という概念を導入する. これは数ではないが, 数のよう

に振る舞う「何か」である．それは非常に理解しづらい
ものではあったが，この考え方を用いて，クンマーはか
なり多くの素数 $n = p$ について，フェルマーの最終定
理の証明に到達したのであった．

　だが，クンマーの業績の本当の意義は，フェルマーの
問題への部分的解決というものだけにはとどまらない，
もっと深いところに根ざしたものである．彼の一連の努
力によって，上に述べたような「一般の整数」を使うた
めの道具立てができあがり，後年，代数的整数論と呼ば
れる新しい学問分野が生じる契機となったからである．

　新しい学問分野を切り開くということは，そもそもど
のような行為なのだろうか．新しい学問的対象や目標を
見出すこと，というのが一つの答えであろう．しかし今
の場合，目的や対象はクンマー以前にも，ある程度はっ
きりしていたものであっただろうと思われる．というの
も，このような「拡張された整数」の考え方は，ガウス
の仕事の中にも，極めて明示的にしかも成熟した形で，
その第一歩が見られるからだ．また，$n = 3$ のときの
オイラーによる証明にも，実質この手の考え方が背景に
あったと考えてよいと思われるふしがある．

　ガウスやオイラーが扱った範囲では，実は上述したよ
うな困難は生じなかった．しかし，これをさらに一般的
に論じようとすると，たちまち我々は，自分達が危険な
地雷原地帯に立っていることを思い知らされることにな
る．その地雷の場所を特定し，安全な歩行路を付けるこ

E. クンマー

と，言わば想定される困難の種類や対処法を明示すること も，新しい学問分野を切り開く上で，非常に大事なことである．そしてまさに，代数的整数論の草創期においてクンマーが成し遂げたことは，このようなことであった．

クンマーの理想数の概念は，後年，彼の弟子の一人であったデデキント（259頁参照）によって，イデアルという概念に言い換えられる．理想数が数のようで数でない「何か」でしかなかったのに対して，イデアルは彼一流の集合の言葉を用いて明示された数学的実体である．それは確かに数ではないが，数のように振る舞い，集合の言葉を用いて完璧に言い表すことのできる対象なのだ．

前章では，集合論という新しい感性の統合が，19世紀から20世紀への過渡期において，思想的にも技術的にも重要なファクターであったことを述べたが，その一

つの応用的現出が代数的整数論であり，それをさらに抽象化したのが，20世紀的な抽象代数学なのである．

谷山豊とゼータ函数

続いての歴史の流れを見るためには，少しだけリーマンに戻る必要がある．前章でも若干述べたのであるが，リーマンは代数函数や，それらに対応する面を考える上で，最初から複素数値のものを考えるという高い立場を取っていた．その立場から，リーマンはオイラーによって研究された，いわゆるゼータ函数

$$\zeta(s) = 1 + \frac{1}{2^s} + \frac{1}{3^s} + \frac{1}{4^s} + \cdots$$

を研究した．

リーマンは，この函数を複素函数と解釈して，その基本的な性質を調べた．これによって，様々な重要な結果が得られているが，その中には例えば，オイラーの不思議な計算（143頁）も含まれている．

リーマンのこの研究によって，この函数はリーマンのゼータ函数と呼ばれるようになった．この函数は整数論との強い結びつきを持っており，この函数について詳細に知ることは，素数について詳細に知ることになる．この観点から，リーマンはゼータ函数の零点についての非常に有名な予想，いわゆる「リーマン予想」を提起した．この予想は，非常に難しく，現在でも解決されていない．

さて，20世紀初期の頃の数学の空気の中には，この

リーマンのゼータ函数の類似を，前章で説明した代数函数論の中で考察しようというものがあった．つまり，整数論の類似として代数函数論を考えよう，あるいは逆に代数幾何学の類似として整数論を考えようという，非常に高い見識である．例えばアルティン（Emil Artin, 1898−1962）やハッセ（Helmut Hasse, 1898−1979）といった人々がその立役者であった．この見識は，後述のヴェイユによって大幅に拡張され，いわゆるヴェイユ予想となって20世紀数学をリードすることになる．

谷山豊（1927−58）も，そのような問題に興味をそそられた一人であった．彼は虚数乗法を持つ，という特別な条件を満たす場合の楕円函数について，この問題を研究して成果を上げていた．虚数乗法を持たない場合は「依然として深い神秘に閉されている」と述べながらも，彼は1955年に次のように書いている．

　　……モヅル函数またはそれに類似な性質を持つ函数で，一意化できる代数函数に対しては，Hasse の ζ − 函数を研究する現実的な道が開ける……（中略）……然しながらいずれにせよ，どのような代数函数が，此の様な函数により一意化できるかと云う疑問が当然起こるであろう．……[*2]

このようにして楕円曲線とモジュラー函数などの保型形式と呼ばれるものとの間の関連に，はっきり谷山が言

及した1955年をもって, 志村・谷山予想元年としてよいだろうと思う. もっとも, 谷山はこれをはっきりとした予想として定式化したことは, 生前はついになかったのであるが, その後, 志村五郎 (1930-) によって追求され, 精密な予想として定式化された.

この予想, いわゆる「志村・谷山予想」は, 大雑把に言って, (有理数体上定義された) 楕円曲線は, すべて上のような「Hasse の ζ-函数を研究する現実的な道」を持ったものに限る, というものである. このような性質を「モジュラー」と呼ぶ. 志村は1971年に, 虚数乗法を持つという場合には, この予想が正しいことを証明している.

フェルマーの最終定理という文脈で, この志村・谷山予想が重要である理由は, フライ (Gerhard Frey, 1944-), ジャン=ピエール・セール (Jean-Pierre Serre, 1926-), リベット (Kenneth Ribet, 1946-) らの仕事によって次のことがわかったからだ：フェルマーの最終定理が正しくないなら, 志村・谷山予想も正しくない.

これは, もし志村・谷山予想が証明されれば, 自動的にフェルマーの最終定理も証明されることになる, ということを示している. ここまでが1986年までの状況である.

＊2 『谷山豊全集 [増補版]』杉浦光夫・佐竹一郎・清水達雄・山崎圭次郎編, 日本評論社 (1994) 197頁.

アンドリュー・ワイルス

　この頃から，アンドリュー・ワイルス（Andrew Wiles, 1953−）は自宅の屋根裏部屋にこもって，秘密裏に志村・谷山予想に到る英雄的な仕事を開始する．そして，1993 年 6 月 23 日，ニュートン研究所において，ついにその部分的解決をアナウンスした．これは志村・谷山予想の部分的解決ではあったが，フェルマーの最終定理を帰結するには十分なものであったので，そのニュースは瞬く間に，Ｅメールを通じて世界中に流れた．

　筆者は当時，大学院生であったが，その次の日（6 月 24 日）のことをよく憶えている．朝学校に出てみると，知り合いの助教授から一枚のメールコピーを見せられた．その最初の数行は次のようなものである：

　　多くの人が噂を耳にしていると思いますが，数時間前にワイルスが，有理数体上の半安定な楕円曲線に対する谷山予想を証明できるとアナウンスしました．この場合の谷山予想は，フェルマーの最終定理を帰結します．……*2

　実際には，当時のワイルスの議論には本質的なギャップがあり，証明は不完全なものであった．それはその年の秋にははっきりしていたようだが，年末頃になって，ワイルスがいったん証明を引っ込めたという残念な内容

$$R = T$$

のメールが飛び交った.

　しかし, 次の年1994年の夏までには, 証明は完成したのである. 彼の元弟子の一人であるテイラー (Richard Taylor, 1962-) との共同研究により, 証明のある重要な部分において, 新しい議論の筋道を見付けたのであった. これによって, 完全に証明は完結し, 今ではフェルマーの最終定理は, 本当に定理となった. それは「ワイルスの定理」となったのである.

$R = T$

　しかし, これで物語が終わってしまったわけではなさそうだ. というのも, ワイルスがもたらした新しい論法は, その後の数論幾何学の流れに大きく影響したからである. ワイルスが証明をアナウンスしてから10年余りの間に, それまでには到底考えられなかったようなスピードで, この分野は進歩したのだ.

　このような大きな進歩があると, そこに現れた数式が象徴化されることがある. 例えば, アインシュタインの $E = mc^2$ 然り. ワイルスの仕事から, 今日何かを象徴化しようとするならば, それは

$$R = T$$

という式だろう.

　ここで右辺の T というのは, ヘッケ環というもので, 比較的具体的なものであるのに対して, 左辺の R は, ガロア表現の変形という概念に関連した量で, 非常に抽

象的な対象である．これをいかに理解して，右辺の T と等号で結ぶかが勝負であった．

　ここで「変形」という言葉について若干述べておきたい．変形というと，図形や形の変形を思い浮かべるであろう．実はここで言う変形も，本質的には，そのような目に見える変形から来ている概念なのだ．代数幾何学の文脈において，この基本的な概念を定式化し，深く研究したのは，小平 邦彦（1915−97）とスペンサー（Donald Spencer, 1912−2001）がパイオニアであった．この先駆的な仕事は，後に後述するグロタンディークのスキーム理論という枠組みの中で，極めて印象的な一般化がなされる．ある意味，変形の考え方の深層が，スキーム理論において本来あるべき姿を獲得したとも言える．そこでは，それは「図形の」変形であることは健忘され，非常に一般的な考え方として定式化されることになった．

　実は，小平邦彦がその基礎付けを与え，西洋数学的感性の統合の究極の姿の一つとも言えるスキーム理論に安住の地を見出した変形理論という理論が，この「R」の中では本質的に使われているのだ．

　多分，このレベルの数学になると，もはや洋の東西もない．ここに感じられるのは，人類が協力して一つの「人間の数学」を作り上げている姿である．

第12章

空間と構造

フランス高等科学研究所（IHES）における，グロタン
ディークの代数幾何学セミナーの様子（本文 304 頁）．

非ユークリッド幾何のモデル

前述したように，ロバチェフスキーとボヤイは非ユークリッド幾何学を発見した（169頁）が，彼らが実際に，そのような理論体系の存在を何らかの意味で証明したわけでもなければ，そのような体系が無矛盾であることを証明したわけでもない．人間の創造的行いと解釈した場合，それが発見と呼ばれるにふさわしいものであることは全く疑い得ない．しかし，この場合の発見とは，数学的な定理や命題の形で，はっきりと書けるような種類のものではない．

そもそも，ユークリッド幾何学の場合でも状況は同様であったはずだ．我々はユークリッド幾何学が展開されるような空間が，実在するという感覚に慣れきってしまっているし，ユークリッド幾何学の定理，例えば三角形の内角の和は2直角であるといった定理が正しいという考え方が，骨の髄までしみ込んでしまっている．しかし，本来これらだって，そもそも我々がどこかで見たり聞いたり触ったりして得た確信ではないはずだ．

では，なぜユークリッド幾何学を正しいと思うのだろうか．これには経験によるものもあるだろうし，様々に心理的な要素が絡んでいそうである．このような感覚は，現代人に共通のものであると思われるから，一種の常識というか共通感覚であるとも言えよう．しかし，こと数学的な観点から考えると，ユークリッド幾何学がユーク

リッド平面という目に見えやすい「モデル」を持っている，ということの意義が大きい．つまり古代ギリシャの昔から，それは人間の「見る」対象として扱われてきたし，それが人間の感性的経験と，うまく整合してきたということである．それは確かに自然界にそのままの姿で実在しているものではない，高度に抽象的なものであるが，我々の知覚世界と非常によく整合するような，わかりやすい抽象なのだ．

　さらに言えば，それが我々の外界的認識と非常によい整合性を持っているので，それが提供する空間，つまりユークリッド空間を我々が現実の外界的認識に投射することにもつながったようである．我々の周りの空間は縦横高さを持つ3次元空間である，という表象の仕方にも，それが現れているだろう．それが高じてくると，カントのように，ユークリッド空間が唯一可能な空間である，という考えにまで到ってしまう．つまり，人間が作った幾何学体系が，人間の認識のあり方にフィードバックされるという，人間と数学の微妙な関係を象徴する現象が，ここに見られるわけだ．

　いずれにしても，このような「見える」モデルがあることは，人間にその実在感を感じさせる方法としては，非常に効果的なものだ．だから，非ユークリッド幾何においても，そのモデルを構成することは重要な仕事である．実際そうすることで，多くの人々にとって非ユークリッド幾何学がより現実味を帯びてくるであろうし，そ

H. ポアンカレ

の正しさの確信も増すだろうからである.

　非ユークリッド幾何学のモデルを最初に構成したのはベルトラミ (Eugenio Beltrami, 1835−1900) である. これは 1868 年以前のことであるが, その後相次いで, 有名なクラインとポアンカレ (Henri Poincaré, 1854−1912) によるモデルが発表された. このように, 理論, あるいは公理系それ自体は同じでも, それを表現するモデルがいくつも存在するということはあり得る. 使う側は, 状況に応じて使いやすいものを選択すればよい.

　ここではポアンカレモデルを取り上げようと思う. なぜなら, これによって, 非ユークリッド幾何学が「曲がった空間」の幾何学だ, ということがわかりやすいからである.

　ポアンカレモデルにおける平面という「世界」を理解するために, 古代の人々が考えたように, この世は円盤

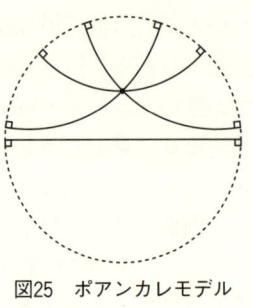

図25　ポアンカレモデル

状であり，その円盤の外は奈落の底，世界の果てである
と考えることにしよう．ユークリッド平面の世界では，
この世はどこまでも果てがない無限に広がった平面なの
であるが，今はそうではないと思うのである．ただ，こ
の円盤上に住んでいる我々にとっては，世界には果てが
ない．円盤を外から見ている人にとっては果てがあるの
に，円盤上の人にとっては果てがない，というちょっと
おかしな状況を考えなければならない．

　そのトリックはこうである．この円盤，つまりポアン
カレモデルの上の人は，ちょっと物の見え方が曲がって
いる．実際，彼らにとっての「直線」とは，円盤の外の
人にとっては円の外周に直交するような円弧（直径の場
合もあり得る）のことなのだ（図25）．いかに外の人に
とっては曲がっていようとも，これらは円盤の上に住んで
いる人々にとってはまっすぐな直線なのである．

　これと呼応して，円盤の上の人は外の人とは違った距

離の概念を持っている．この世界での直線，つまり外円周に直交する円弧の上を，今，円盤上の一人の住人，例えば筆者が鼻歌でも歌いながら外円周に向かって歩くとしよう．円周はすぐそこに見えていそうである．そして，それはこの世の果てである．何しろ，ポアンカレモデルの世界では，円周の内部だけが「世界」なのだから．筆者は奈落の底に向かって軽やかに行進を続ける．それを円盤の外から見ているアナタはハラハラするであろう．

でもダイジョウブ．実はこの世界では，アナタが見ているのとは距離の概念が違っている．つまり，アナタから見て外円周に近付けば近付くほど，アナタに見える距離は小さくなっていく．だから，筆者がいつまでも同じ速度で歩いても，アナタにはだんだん筆者の歩みがゆっくりになっていくように見えるだろう．そして，いつまでも決して世界の果てには届かないのである．

これは，この世界においても直線はどこまでも延長できるということ，つまりユークリッドの公準2（62頁）が満たされていることを意味している．公準1，公準3，および公準4についても，満たされていることが示される．しかし，公準5は満たさない．図25では，水平に書かれた直径という直線と，その直径上に乗っていない点が与えられており，その点を通って直径に交わらない「直線」が3本描かれている．交わらないのであるから，これらはすべて，直径で与えられる直線の平行線である．

ユークリッドの第5公準は，与えられた直線上にない

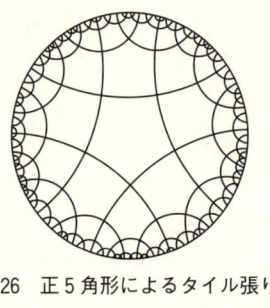

図26　正5角形によるタイル張り

点を通る平行線は一本しか引けない，ということを意味していたのであった．ここではその否定である，少なくとも2本以上が引ける，というものが成立しているわけだ．これによって，この円盤モデルが非ユークリッド幾何学のモデルであることになるのである．

　179頁の図18左では，このモデルによるすべて合同な三角形で，平面がぎっしり覆い尽くされている様子が表されていた．ところで，普通のユークリッド平面を正5角形のタイルでタイル張りすることはできない．しかし，この非ユークリッド幾何では可能である．ポアンカレモデルで描くと，図26のようになる．

　アンリ・ポアンカレは19世紀後半から20世紀初頭にかけての，西洋の数学をすべてにわたってリードした数学者であった．ベル[*1]は彼を「最後の万能選手」と呼んでいる．第一次世界大戦中のフランス大統領であったレ

＊1　E. T. ベル『数学をつくった人びと』下.

イモン・ポアンカレは，アンリの従弟である．

　ポアンカレの有名な著作[*2]によれば，ポアンカレは馬車に足をかけた瞬間に，フックス函数の対称性が非ユークリッド幾何学の幾何的対称性に他ならないことを発見した．ここで言う幾何的対称性とは，ポアンカレ円盤における回転対称性のことである．

　例えば図26において，直線が交わったところは，すべて2直線が直角に交わっているので，それぞれの交点を中心として90度回転ができる．ポアンカレの発見は，フックス型微分方程式というものに隠された，言わば見えない対称性が，このような見える対称性で表現できることであった．第8章の終わりでは，代数方程式の代数的可解性に関連して，見えない対称性について述べたが，ここでいう微分方程式の見えない対称性は，そのある種の類似である．

　フックス函数という函数はこのような対称性を持つのであるが，それをフックス群という対称性の集まりに関する「保形性」と呼ぶことが多い．今日言われる保形函数というものの一種である．保形函数の中には，モジュラー函数と呼ばれる特別な種類のものがあるが，これに関連した対称性のタイル一枚を，上半平面モデルという，ポアンカレモデルのもう一つの表示の仕方で描いたものが図27である．ガウスの死後，彼の遺稿の中からこの

＊2　H. ポアンカレ『科学と方法』吉田洋一訳，岩波文庫（1953）.

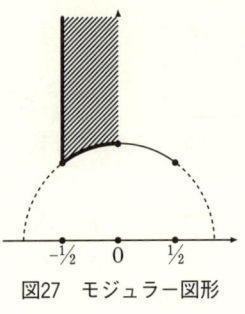

図27　モジュラー図形

図形のスケッチが見つかった. ガウスはこれらのことを, 既に何十年も前に知っていたのだ！ ガウスがいかに時代の先まで見通していたかには, 全く驚嘆するしかない.

対象としての空間

　非ユークリッド空間では, 平行線が一本より多く引ける. ポアンカレモデルを見てもわかるように, それは空間自体が, ある意味, 曲がっているからだ. 空間自体が曲がっているので, 外から見る側にとっては, そこでの直線は曲がって見える. しかし, その世界に住んでいる人にとっては, 我々にとってユークリッド幾何の直線がそうであるように, 直線は依然としてまっすぐである.

　その空間の曲がり具合を測る量として, 数学には曲率という概念がある. この曲率という概念を考えた最初の人はガウスであった. ガウスのアイデアに沿って, この曲率というものについて若干説明してみよう. これは多

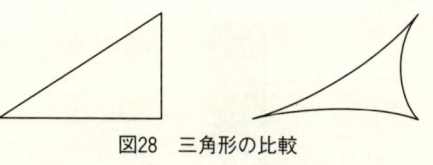

図28　三角形の比較

少，説明が専門的になってしまうが，数式のレベルで詳細に理解する必要はない．基本的なアイデアだけ汲み取ってもらえば十分である．

　図28を見てほしい．左にあるのは，普通のユークリッド幾何学の三角形である．一方，右に書いたのは，非ユークリッド幾何学のポアンカレモデルの中での三角形だ．右に書いた方が，つぶれて見えるだろう．非ユークリッド幾何学においては，三角形の内角の和が2πよりも小であること（170頁）が，ここからも見てとれる．167頁に見たランベルトの結果によれば，非ユークリッド幾何学においては，不足角$\delta(ABC)$は三角形ABCの面積に比例するのであった．曲率とは，その比例定数の（-1）倍のことである．ユークリッド幾何学ではそれは0であるが，非ユークリッド幾何学では，それは負の値をとる．

　このように，空間の「曲がり具合」とでも呼べるようなものを，三角形のつぶれ具合，つまり内角の和の2直角からの差に反映させるというのが，ガウスにおける曲率のアイデアの本質である．曲率とは，これを精密に定量化したものにすぎない．

　ちょっと専門的になってしまったが，それをすべて理解する必要はない．大事なことは，このような考え方から，以下のような二つの歴史的な流れが起こることである：

- 一つは，これによって「空間」というものが，単なる入れ物なのではなく，それそのものが，例えば曲がり具合といった何らかの構造を持つ実体，つまり考察の対象になり得るということ．
- もう一つは，曲率が一定の数値をとるとは限らず，場所によって曲率が変化するような「空間」を考えることもできるということ．

　二番目の点が，リーマンによってリーマン幾何学へと導かれる歴史の流れに発展した．その先には，その応用としてアインシュタインによる一般相対性理論がある．一般相対性理論においては，この宇宙（正確には時空）という空間が，場所によって曲がり具合＝曲率が異なるもので，その曲率の変化は重力によって支配される．このコンセプトを実現する最適な数理モデルの基礎として，アインシュタインが選んだのがリーマン幾何学であったわけだ[*3]．

＊3　一般相対性理論における時空の計量は，リーマン計量ではなくローレンツ計量と呼ばれるものである．したがって，一般相対性理論が採用する幾何学は，厳密にはリーマン幾何学とは異なる．

　しかし以下では，上に挙げた二つの側面のうち，特に一つ目の方について，その歴史的な意義やその後の展開を述べていきたい．というのも，二つ目の側面については，例えば今述べた一般相対性理論との関連で，既によい歴史的解説が数多くあるからである．

多様体の概念とブルバキズム

　19世紀までの幾何学は，多かれ少なかれ，固定された入れ物としての空間の中で作業するというものにとどまっていたが，20世紀になると，空間そのものを対象として扱うという流れが加速する．リーマンの用いた「多様体」（255頁）という言葉は，次第にこのような意味での，数学が扱う対象化された空間を意味するものとして定着していく．

　現代的な意味での多様体の概念は，徹頭徹尾「集合」の言葉で定義されている．点集合を用いて空間を定義する，という考え方を明確に打ち出したのは，ワイル（Hermann Weyl, 1885−1955）の1913年の著作『リーマン面の理念（*Die Idee der Riemannschen Fläche*）』[*4]における，リーマン面の厳密な定義であろう．これは後に，1936年のホイットニー（Hassler Whitney, 1907−89）による，多様体概念の定式化へとつながった．

　ホイットニーによる現代的な多様体概念の一番の特徴

＊4　日本語訳は，田村二郎訳『リーマン面』岩波書店（2003）．

H. ワイル

は，それが局所的には普通の意味でのユークリッド空間
と同じであること，つまり，その空間の一点に立つ人に
とっては，自分の周りの近傍は，全くユークリッド空間
と同じに見える，ということである．この局所的にはほ
ぼ自明である，という性質は，空間の滑らかさ＝スベス
ベ感を特徴付ける最終的な視点として，それ以後定着す
る．

　局所的には全くユークリッド的であるという，自明な
構造を持っているわけであるから，人はその上で微分積
分学を展開することができる．普通のユークリッド空間
の上の函数に限らない，「図形」の上で解析学をしよう
という発想は，言うまでもなく，リーマンの面の発想に
遡る．

　現代数学が扱う多様体は，このように局所的には全く
自明なものであるが，その大域的な構造，つまり空間全

体を見た場合の性質には様々な可能性がある．それはリーマン面のように，穴が開いているかもしれないし，そうでないかもしれない．このような，大域的構造を調べるのも，多様体についての学問の一つの重要な研究方向である．

このような空間＝多様体の考え方は，空間とは構造を持った点の集まりである，つまり

$$\boxed{空間} = \boxed{集合（点概念）} + \boxed{構造（秩序）}$$

という図式をそのセントラルドグマとしている．そして，このセントラルドグマを掲げて，数学の全分野をもう一度，一から整理整頓して大掃除しようという壮大な試みを開始したのが，フランスの若手数学者集団ニコラ・ブルバキ（Nicolas Bourbaki）であった．

ブルバキという名前は，普仏戦争で活躍した将軍の名前に由来するそうであるが，この名前をことさらに数学者集団に付けた理由は他愛のないものに違いない．その所属もナンシーとシカゴをかけ合わせて，ナンカゴ大学などと言っているくらいだから，深刻に考えない方がよい．しかし1930年代に活動を開始した彼らブルバキは，この「集合＋構造」という基本思想を前面に出して，数学の様々な分野で有名な教科書『数学原論（*Éléments de mathématique*）』を次々と出版し，瞬く間に全世界の数学に影響をおよぼし始めた．

ブルバキの初期のメンバーはアンドレ・ヴェイユ

A. ヴェイユ

（André Weil, 1906−98），アンリ・カルタン*5（Henri Cartan, 1904−2008），クロード・シュヴァレー（Claude Chevalley, 1909−84），ジャン・デルサルト（Jean Delsarte, 1903−68），ジャン・デュドネ（Jean Dieudonné, 1906−92）である．これに，後にローラン・シュワルツ（Laurent Schwartz, 1915−2002）や，ジャン゠ピエール・セール（283頁参照）などといった人々が加わる．

　ブルバキによる数学の基本思想は，俗に「構造主義」と呼ばれているものである．すなわち，対象そのものでなく，それらの集合体の中での関係を通して理解する，つまり「構造」の理解を目指すアプローチだ．ものが「何か」ではなく，全体性の中で「どう在るのか」が問題というわけだ．だから，単なる「もの」としての存在という最も単純な属性より他には，いかなる属性もバッ

──────────
＊5　131頁のエリー・カルタンは，アンリの父親である．

サリ健忘した「集合」という概念は，そのアプローチには最適のインフラということになるし，その扱いも公理論的なもの，つまり，ルール集的なものになる．彼らの数学の実際上のスタイル，いわゆる「ブルバキスタイル」の基本的な特徴としては，

- 集合を数学の最も基本的な言語，素材として使うことに徹底したこと，
- 空間に限らず，群などの代数系といった，数学が扱う直接の対象に「集合＋構造」という図式を徹底して採用したこと，
- 厳密で，恐ろしく一般的で，しかも驚異的な完成度にまで理論が洗練されていること，

などを挙げることができる．特に三番目については，他に類例を見ない，極めて特徴的な点であり，まさに良くも悪くもブルバキスタイルの真骨頂である．ブルバキの書物を見て，そこに理論の「足場」を見出すことはできない．

　それは大変素晴らしい作品なのであるが，同時に，その社会的影響の中には負のものもあることを認識しなければならないだろう．例えばベクトル空間や微分可能函数などについて，それが人間の数学の歴史の中でどのような意義を持ち，どのような経験と修正の末獲得されたものなのかといったことは，ブルバキスタイルの数学の

からは，ほとんど全くと言ってよいほど汲み取ることができない．初学者はその理論の背景に，どのような人間的動機や数学的な価値意識があるのかを読み取ることができないのだ．

しかし，ブルバキスタイルの出現が，その後の数学を変えたことは確かである．それは少なくとも20世紀数学をリードしていたし，少なくともその範囲においては，いかなる数学も点と構造の言葉で述べられること，そしてそれらはすべて集合で記述できることを徹底的に示したからである．現代数学における，論証の決済のためのインフラである「集合」のあり方が決定的になったわけだ．逆に言えば，ブルバキズムによってもたらされたのは，この「点＋構造」というセントラルドグマが有効であるような数学の地平を，『数学原論』という大著を送り出すことによって明示したことだとも言えるだろう．

上述の通り，ブルバキの教科書『数学原論』は，とても初学者の入門として薦められるような代物ではない．しかし，例えばある程度線形代数学の素養がある人が『数学原論』の「代数」の第2章に挑戦することは，大変意義のあることだと思う．実のところ，筆者は世に数多ある線型代数の教科書の中で，ブルバキが一番よい教科書だと思っている．ただし，非常に取っ付きにくいのでご注意を．

初めに構造ありき

1940年代以降のゲルファント（Israïl Gelfand, 1913
-）の作用素環の理論は，数学における空間のあり方を，
さらに一変させるほどのインパクトがあった．簡単に言
うと，これは空間を考えることと，その上に定義された
函数（例えば連続函数など）の全体を考えることが同じ
ことになるという，一種の双対性である．つまり，函数
全体がなすある種の代数的な体系が与えられていさえす
れば，点＋構造としての空間は完全に復元されるという
原理なのだ．

これによって，函数がなす代数的な体系（一般に
「環」と呼ばれる）の，その全体的なひとまとまりとして
の構造から点が復元される，という空間の見方が流行す
るようになった．これは言わば，

$$\boxed{\text{構造（環）}} \Rightarrow \boxed{\text{空間}}$$

という図式によって表すことができるようなものだろう．
ここには量子力学からの思想的影響も色濃くある．

このトレンドが極めて明確な形で応用され，大きな成
果を上げたものの一つに，グロタンディーク（Alexander
Grothendieck, 1925-）のスキーム理論がある．グロタン
ディークは1950年代から，パリ郊外のフランス高等科
学研究所（Institut des Hautes Études Scientifiques, 通称
IHES）で，それまでの代数幾何学に新しい流れを吹き
込む，新しい理論の建設を開始した．

A. グロタンディーク

　ブルバキのメンバーであったデュドネの協力で，その内容は EGA（*Éléments de Géométrie Algébrique*）[*6] として出版されることになる．この書物は，当初は 13 章まで予定されていたのであるが，結局は第 4 章までしか完成されなかった．第 4 章までと言っても，これは大変な大著で，全部で 1800 頁ほどになる．

　その後に書かれるべきだった内容は，グロタンディークとその周辺にいた人々によるセミナーの記録集として次々に出版され，その膨大な著作の総体は SGA（*Séminaire de Géométrie Algébrique du Bois-Marie*）と呼ばれている．こちらの方の頁数は，もうとても数える気にならない．

＊6　Grothendieck, A., Dieudonné, J.：*Éléments de Géométrie Algébrique,* Inst. Hautes Études Sci. Publ. Math., no. 4, 8, 11, 17, 20, 24, 28, 32, 1961-67.

　このスキーム理論の興味深い点は、それがまたもや空間に対する基本的な考え方の刷新を、我々に迫っている点である。そもそも代数幾何学とはデカルト以来、方程式で定義された図形の研究であった。例えば $x^2 + y^2 = r^2$ という方程式が、平面上に半径 r の図形を描くという具合に。しかし、スキームという考え方においては、既に空間（図形）は方程式によって定義されるような何かではない。むしろ「方程式そのもの」とでも言った方が、よほど正確なものである。つまり、方程式そのものが構造を決定し、それが空間（図形）を与えるという考え方だ。

　例えば、xy 平面上で、方程式 $y = 0$ は x 軸という直線を定義する。そして、$y^2 = 0$ という方程式も同じ x 軸を定義する。しかし、スキーム理論の立場では、この二つは区別されなければならない。$y = 0$ に比べて $y^2 = 0$ は、目に見える集合としては区別できないが、その違いを、スキーム理論はきちんと捉える。

　スキーム理論によってもたらされた、もう一つのインパクトについても述べておきたい。それは、図形を扱う幾何学という立場で、整数論の問題に取り組むことができるようになったという点である。言わば、「数論幾何学」という新しい分野が確立したことだ。スキームの考え方を使うと、我々は Spec **Z** と書かれる空間を扱うことができる。この空間上では、一つ一つの整数は、空間上に定義された函数として振る舞う。整数というものに

対する，根本的に新しい見方が可能になるわけである．

　整数論はそもそも数，特に整数の深い性質を研究する学問であったし，幾何学はそもそも図形や空間の性質を研究する学問であった．これらは同じ数学という学問の分派でありながら，扱う対象や学問自体の考え方も，非常に異なっていると言ってよい．しかも，その相違は「計算する」ことと「見る」こととという，根本的二分法に根ざしたものだ．それほど異なった二つの流れまで，スキーム理論は一挙に統合してしまうわけである．

　そうは言っても，スキーム理論も万能ではない．いかにしてスキーム理論を超えていくか，というのも今後の数論幾何学の課題の一つであるだろう．

トポス

　グロタンディークによる革新的な空間概念の変革は，筆者の知る限り，いわゆる「トポス」という概念で最終的に結実したようである．これは「点の集まり」としての空間を考える代わりに，空間上の層というものを集めた（大抵は恐ろしく巨大な）体系を考えなさい，というものだ．このトポスという概念は，前述のスキームよりもさらに根本的なもので，極めて広い範囲の数学の分野にまたがる様々な概念を，統一的に扱う視点を提供する．その意味で，さらに概念の統合が大胆に進んだもの，と言うことができるだろう．

　ここでは構造と空間の区別は，限りなく0に近くなっ

ていると言ってよい．言わばトポスは

$$\boxed{構造} = \boxed{空間}$$

という方程式の解を与えていると言えるのである．そしてこれが，20世紀的な空間概念の究極の姿であると言えるだろう．

　トポスが数学にもたらしたインパクトは巨大すぎて，これを網羅的に説明することは筆者の手には負えない．しかし，ここで特に顕著だと思われることを一つ述べよう．トポスに代表されるような，20世紀後半の空間概念のトレンドにおいては，空間における「点」の役割が非常に変化した．要するに，現代的な空間の視点においては，点の概念はもはや空間に必要不可欠なものではないということである．

　そもそも幾何学に点が必要だったのだろうか．つまり，点とは本当に空間や図形を考える上で，不可欠のものだったのだろうか．そもそも点とは何だったのだろうか．そのようなことを考えると，我々は結局ユークリッドの『原論』の昔に戻るであろう．そこでは，点とは次のように定義されていた（62頁）：

　　・定義１．点とは部分に分割できないものである．

これが，現代的な意味での定義にはなっていないことはさておいても，西洋的数学の根源とも言えるべき『原

論』の第1巻の最初の定義が，点の定義であったことは，その後の2000年以上の西洋数学の流れに無視できない影響を与えただろう．しかし，そもそも物が基本的な単位である点の集まりと考えられるということ自体が，本来は多くの可能性の中の一つの見識にすぎないはずである．

　言わば，西洋的精神の血であった点の概念が，ここに来て宙づりにされたわけだ．そう考えただけでも，20世紀後半になってもたらされた，新しい空間の概念から「点」の不可欠性が消えていることは，西洋数学の長い歴史の中でも，特筆すべき思想的な内容を持っているように思われる．

　点の概念を，少なくとも空間概念の主役の座から引き下ろした，この現代的な空間の捉え方は，今までにも何度か取り上げた，あの西洋数学特有の葛藤，つまり形式的記号の算術による普遍数学への試みと，概念優位の基本思想による直観的アプローチの間の融和という悠久の問題に対する，20世紀的な，そして「西洋」を超えた「人間の数学」による解決案の提示でもある．集合の概念は，第10章終わりにも述べたように，この問題を本質的には先送りにしてしまった．20世紀的な基本対象である，カテゴリーやトポスといった外延概念は，この問題にどのように応えていくのであろうか．さすがにこれは既に「歴史」の範囲を超えた問題となってしまっている．

あとがき

　歴史上最も影響力の大きい業績を残した数学者は誰か，ということがよく話題になる．アルキメデスやニュートン，ガウスといった人々の名前がよく挙げられるが，ことに数学全体のパラダイムを深層的レベルから刷新するほどの影響力という点では，本書の第 10 章で取り上げたリーマンの存在が大きい．

　ところが，ではリーマンは何をしたのかと問われると，これを専門家以外に説明するのがなかなか難しいと感じる．数学者でなくとも，アルキメデス，ニュートン，ガウスといった人物についてある程度知っている人は多い．彼らが数学の枠を超えた広い自然科学の領域で，影響力のある業績を残したこともその理由だろう．もちろんリーマンも，例えばアインシュタインの相対性理論の基礎付けとなったリーマン幾何学があるように，その業績の波及効果は多岐にわたる．しかしリーマン自身若くして亡くなったこともあり，その広がりは間接的なものとならざるを得なかった．このあたりにリーマンがあまり知られていない理由があるのかもしれない．また，彼の理論の基礎である「面」の概念が非常に難しく，数学科の

大学院生くらいでないと理解できないものだということも理由の一つだろう.

　本書の後半では，リーマンとその時代における数学のダイナミックなパラダイム革命をわかりやすく説明することに，大きな力点が置かれていることに読者は気付くと思う.　そのような思想的刷新の視点がいかに準備されたか，それが19世紀以前にいかに試みられたか，そしてその革命の後に数学はいかにその果実を収穫し，どのような課題を残したか.　西洋や東洋といった区別のない，一つの人類の数学への統合に，それがいかに貢献したか，等々.

　もちろん，数学の長い歴史の中ではリーマンによる思想的パラダイムシフトも，他の（あまり多くはない）いくつかの革命段階の一つとして捉えられるべきだろう. だから，ことさらにリーマンばかりを強調してはいないことは，本書を読まれた読者には理解して頂けるものと思う.　ただ筆者は，リーマンの業績から感じ取られた「見ること」と「計算すること」の統合というテーマから数学史を通観することによって，物語性のある一つの流れを数学史の中から汲み取りたいと思った.　その目論見が成功したかどうか，少しでもリーマンが一般の読者にも馴染みのある存在となったかどうか，そもそもそのような視点にはどれほどの意義があるのかなど，筆者の今後の課題として読者のご批判を真摯に仰ぎたいと思う.

　本書第12章後半の内容は，サイエンス社刊『数理科

学』2006年4月号に筆者が寄稿した文章が基になっている．また本書の内容は前著『数学する精神』（中公新書）の内容とは基本的には重複しないと思われるが，第10章後半の記述は『数学する精神』の第2章，および第3章の内容との関連が多い．

四日市大学の小川束先生には，内容的なご教示のみならず，最初の原稿を通読して頂き貴重なご意見を頂戴した．感謝の意を表したい．

前著『数学する精神』に引き続いて，今回も中央公論新社の高橋真理子さんに担当して頂いた．読者への細やかな気遣いが本書の叙述に感じられたら，それは高橋さんのお陰である．深くお礼申し上げる次第である．

平成21年4月　京都にて

加 藤 文 元

主要参考文献

ユークリッド『原論』は，ヒース版
- Heath, Thomas L.: *13 Books of Euclids Elements,* Vol.1-3, Dover (1956).

を，『九章算術』については，劉徽註のものを
- 『科学の名著 2，中国天文学・数学集』藪内清・橋本敬造・川原秀城訳，朝日出版社 (1980).

から参照した.

その他の一次文献は以下の通り：
- 斎藤憲・三浦伸夫訳・解説『エウクレイデス全集 第 1 巻 原論 I − VI』東京大学出版会 (2008).
- 『谷山豊全集［増補版］』杉浦光夫・佐竹一郎・清水達雄・山崎圭次郎編，日本評論社 (1994).
- 『関孝和全集』平山諦・下平和夫・広瀬秀雄編著，大阪教育図書株式会社 (1974).
- H. ポアンカレ『科学と方法』吉田洋一訳，岩波文庫 (1953).

数学史関連の二次文献は，次の通り：
- ヴァン・デル・ウァルデン『数学の黎明』村田全・佐藤勝造訳，みすず書房 (1984).
- ヴィクター・カッツ『カッツ数学の歴史』上野健爾・三浦伸夫監訳，中根美知代ほか訳，共立出版 (2005).
- F. クライン『19世紀の数学』彌永昌吉監修，足立恒雄・浪川幸彦監訳，石井省吾・渡辺弘訳，共立出版 (1995).

・高木貞治『近世数学史談』岩波文庫（1995）.
・デュドネ編『数学史 I　1700-1900』上野健爾・金子晃・浪川幸彦・森田康夫・山下純一訳，岩波書店（1985）.
・平山諦『和算の歴史——その本質と発展』ちくま学芸文庫（2007）.
・ファン・デル・ヴェルデン『古代文明の数学』加藤文元・鈴木亮太郎訳，日本評論社（2006）.
・E. T. ベル『数学をつくった人びと』上下，田中勇・銀林浩訳，東京図書（1976）.
・ボタチーニ『解析学の歴史——オイラーからワイアストラスへ』好田順治訳，現代数学社（1990）.
・森本光生・小川束「建部賢弘の数学——とくに逆三角関数に関する三つの公式について——」『数学』，第 56 巻第 3 号，日本数学会編集，岩波書店（2004），308-319.
・ラウグヴィッツ『リーマン——人と業績』山本敦之訳，シュプリンガー・フェアラーク東京（1998）.
・李迪編『中国の数学通史』大竹茂雄・陸人瑞訳，森北出版（2002）.
・Bourbaki, N.: The Architecture of Mathematics, *American Mathematical Monthly* 67 (1950), pp. 221-232.
・Boyer, C.: *The history of the calculus and its conceptual development,* Dover Publications, Inc., New York (1949).
・Boyer, C.: *A history of mathematics,* 2nd edition, Wiley, New York (1989).
・Ferreirós, J.: *Labyrinth of thought——A history of set theory and its role in modern mathematics,* Science Networks. Historical Studies, 23. Birkhäuser Verlag, Basel (1999).
・Heath, Thomas L.: *A manual of Greek mathematics,* Dover Publications, Inc., New York (1963).
・Heath, Thomas L.: *A history of Greek mathematics,* Vol.

I, Dover, New York (1981).

· Kolmogorov, A. N.; Yushkevich, A. P.: *Mathematics of the 19th century——Geometry, Analytic function theory,* translated from the Russian by Roger Cooke, Birkhäuser Verlag, Basel, Boston, Berlin (1996).

· Seidenberg, A.: *The ritual origin of geometry,* Archive for History of Exact Sciences, 1, No. 5 (1975).

· Struik, D.: *A concise history of mathematics,* Second revised edition, Dover Publication, Inc., New York (1948).

　最後に，その他の参考文献を列挙する：

· 足立恒雄『フェルマーの大定理——整数論の源流』数セミ・ブックス 12，日本評論社 (1984).

· 伊東俊太郎『比較文明』東京大学出版会 (1985).

· 伊東俊太郎『近代科学の源流』中公文庫 (2007).

· 小倉金之助『日本の数学』岩波新書 (1940).

· 加藤文元『数学する精神——正しさの創造，美しさの発見』中公新書 (2007).

· 黒川信重『オイラー探検——無限大の滝と 12 連峰』シュプリンガー数学リーディングス，シュプリンガー・ジャパン株式会社 (2007).

· 小林昭七『ユークリッド幾何から現代幾何へ』日評数学選書，日本評論社 (1990).

· シュヴェーグラー『西洋哲学史』下巻，谷川徹三・松村一人訳，岩波文庫 (1958).

· 白川静『漢字百話』中公新書 (1978).

· W. ダンハム『オイラー入門』黒川信重・百々谷哲也・若山正人訳，シュプリンガー数学リーディングス，シュプリンガー・フェアラーク東京 (2004).

· ピーター・ペジック『アーベルの証明——「解けない方程

式」を解く』山下純一訳，日本評論社（2005）.
- マイケル・S・マホーニィ『歴史の中の数学』佐々木力編訳，ちくま学芸文庫（2007）.
- 村田全『日本の数学 西洋の数学──比較数学史の試み』ちくま学芸文庫（2008）.
- 吉田洋一『零の発見──数学の生い立ち』岩波新書（1939）.
- ロシュディー・ラーシェド『アラビア数学の展開』三村太郎訳，東京大学出版会（2004）.
- Housel, C.: *Les débuts de la théorie des faisceaux,* in Sheaves on Manifolds (Kashiwara, M. and Schapira, P.), Grundlehren der mathematischen Wissenschaften, Vol. 292, Second reprint, Springer-Verlag, Berlin, Heidelberg, New York (2002).
- Russo, Lucio: *The forgotten revolution,* Springer-Verlag, Berlin, Heidelberg, New York (2004).

数学の歴史　略年表

BC2000頃？	• 粘土板文献『プリンプトン322』の「ピタゴラスの三つ組」（メソポタミア文明）
BC1850頃	•『モスクワ・パピルス』（エジプト文明）
BC1650頃	•『リンド・パピルス』（エジプト文明）
BC 6 世紀〜	• この頃から『シュルバスートラ』が成立（インド）
BC 4 世紀頃？	• 通約不可能性の発見
BC 3 世紀頃	• ユークリッド『原論』
BC186	•『算数書』（中国）
BC 1 世紀 〜AD 1 世紀？	•『九章算術』（中国）
3 世紀頃	• ディオファントス『算術（*Arithmetica*）』 •『孫子算経』，中国式剰余定理
263	• 劉徽による『九章算術』の註釈
5 世紀	• 祖沖之による円周率の計算（小数点以下第 6 位まで確定） • プロクロスによるユークリッド『原論』第 1 巻への注釈
595	•『サンケーダ（*Sankheda*）』（インド）
8 世紀	• 遅くともこの頃までに 10 進位取り表記法がインドで成立
9 世紀	• アル＝フワーリズミ『ヒサーブ・アル＝ジャ

	ブル・ワル＝ムカーバラ』
1202	・フィボナッチ『算盤の書（Liber abaci）』
16世紀初頭	・デル・フェッロによる3次方程式の解法
1535頃	・タルタリアによる3次方程式の解法
1545	・カルダーノ『アルス・マグナ（Ars magna seu de Reguli Algebraicis）』（3次方程式の解法およびフェラーリによる4次方程式の解法を含む）
1591	・ヴィエト『解析技法序説（In artem analyticam Isagoge）』
1600前後	・ファン・ケーレンによる円周率の計算（小数点以下35桁まで）
1627	・吉田光由『塵劫記』初版．これ以後19世紀半ばまで「和算」が盛んに研究される
1635	・カヴァリエリ『Geometria indivisibilibus continuorum nova quadam ratione promota』（カヴァリエリ原理，不可分量の概念）
1637	・デカルト『方法序説』（座標系の導入）
	・この頃，フェルマーがバシュ版のディオファントス『算術』の欄外に数々の発見を書き残す．そのうちの一つが「フェルマーの最終定理」
	・この頃，デカルトとフェルマー（接線法）による微分法の萌芽
1665頃	・ニュートンによる「流率」概念
1666	・ニュートン未発表論文における「微分積分学の基本定理」
1672	・これ以後3年半にわたるライプニッツのパリ滞在（ライプニッツによる微分積分学の開始）
1674頃	・ライプニッツによる「$\pi/4$公式」
1683	・関孝和『解伏題之法』
1687	・ニュートン『プリンキピア（Philosophiae Naturalis Principia Mathematica）』
1689～1704	・ヤコブ・ベルヌーイによる連作論文（無限級

	数の取り扱い）
1690	・井関知辰『算法発揮』（行列式の一般的取り扱い）
1712	・『括要算法』（関孝和）以後，関流が広く伝承され，和算の進歩が飛躍的に加速する．その巻一ではベルヌーイ数の明確な記述あり
1713	・ヤコブ・ベルヌーイ『推測法（*Ars Conjectandi, Opus Posthumum*）』（ベルヌーイ数の西洋における初出文献）
1722	・建部賢弘『綴術算経』（円周率の計算を含む：小数点以下 41 位まで）
1739	・松永良弼『方円算経』（円周率の計算を含む：小数点以下 49 位まで）
1748	・オイラー『無限解析入門（*Introductio in analysin infinitorum*）』（オイラーの公式）
1770～1771	・ラグランジュによる代数方程式の研究が発表される
1786	・ランベルト『*Theorie der Parallellinien*』（遺作）（不足角の研究）
1796	・3 月 30 日，19 歳のガウスが朝起きた瞬間に正 17 角形の作図可能性を発見．これ以後，ガウスの数学上の数々の発見が始まる
1797	・1 月 8 日よりガウスがレムニスケートの弧長積分について研究を始める（近代的楕円函数論の始まり）
1799	・ルフィニによる一般 5 次方程式の代数的非可解性の（不完全な）証明 ・5 月 30 日，ガウスがレムニスケート函数の周期と算術幾何平均との関係に気付く ・ガウス，ヘルムシュテット大学で学位取得．『代数学の基本定理』の完全な証明
1801	・ガウス『数論研究（*Disquisitiones Arithmeticae*）』
1812	・ナポレオン軍ロシア遠征失敗．これ以後 1815 年までポンスレがサラトガの収容所で過ごす
1822	・フーリエ『熱の解析的理論』，フーリエ級数,

	フーリエ積分の登場
1823	• アーベルによる一般 5 次方程式の代数的非可解性の証明
	• 「フェルマーの最終定理」についてのソフィー・ジェルマンの仕事
1824	• 『純粋および応用数学雑誌』（クレレ誌）創刊
1826	• 代数函数の積分に関する「アーベルの定理」（出版は 1841 年）
1827	• メビウス『*Der barycentrische Calcul*』重心座標（斉次座標の萌芽）
1829	• ロバチェフスキーによる非ユークリッド幾何学の発表（ロシア語）
1832	• ボヤイによる非ユークリッド幾何学の発表
	• ガロア，決闘により死去．その前夜オーギュスト・シュヴァリエ宛に，数学のアイデアを書き残す
1835	• プリュッカー『*System der analytischen Geometrie (der Ebene)*』一般斉次座標の導入
1845	• この頃までにクンマーが今日の代数的整数論の基礎付けを与えた．理想数の概念，正則素数に対する「フェルマーの最終定理」の部分的解決
1847	• 3 月 1 日，パリ学士院集会における事件．ラメが「フェルマーの最終定理」の証明の概略をアナウンスする（後にその証明には不備な点があることがわかる）．同年 5 月 22 日のリューヴィル宛のクンマーの書簡により，事態は急展開する
1851	• リーマン『1 複素変数函数の一般論の基礎』，リーマン面の概念の登場
1854	• リーマン教授資格取得講演『幾何学の基礎にある仮説について』
1858	• リーマン『与えられた限界以下の素数の個数について』．ゼータ函数の研究，「リーマン予想」の提起
1868以前	• ベルトラミによる最初の非ユークリッド幾何

	学のモデル
1874	・デデキントとカントールの交流始まる
1874〜1884	・カントールの集合論の基礎についての先駆的仕事
1879	・デデキントによる「イデアル」の概念．ディリクレおよびデデキントのこの年の版の著作『整数論講義』に初出
1882	・リンデマンによる円周率の超越性の証明
	・非ユークリッド平面幾何学のポアンカレモデル
1884	・クライン『正20面体と5次方程式の解法』(*Vorlesungen über das Ikosaeder und die Auflösung der Gleichungen vom 5ten Grade*)
1897	・ブラリ・フォルティのパラドックス
1901	・ヒルベルトによるディリクレ原理の正当化
1908	・ラッセルのパラドックス
	・ツェルメロによる集合論の公理化（後の ZFC 集合論の萌芽）
1913	・ワイル『リーマン面の理念』
1934	・この頃からブルバキが活動を開始
1936	・ホイットニーによる多様体概念の導入
1940年代	・ゲルファントによる作用素環の理論
	・アイレンバーグとマックレーンによる「圏（カテゴリー）」理論の創始
1945	・ルレー「層の理論」．スペクトル系列の理論も同時に始まる
1955	・谷山豊『代数幾何学と整数論』
1957	・この頃までに志村五郎によって「志村・谷山予想」が定式化される
1960年代	・グロタンディーク，デュドネとともに『*EGA*』を刊行．第13章まで計画されたが，第4章までで中止
	・グロタンディーク「マリーの森の代数幾何学セミナー」，70年代にかけて『*SGA*』を刊行．トポスの概念（『*SGA 4*』）
1986	・リベットによる「イプシロン予想」の解決．これにより「フェルマーの最終定理」が「志

1994	村・谷山予想」に帰着 • ワイルスによる「フェルマーの最終定理」の解決

人名索引

加藤文元（かとう・ふみはる）

1968年仙台市生まれ．1997年，京都大学大学院理学研究科数学・数理解析専攻博士後期課程修了．九州大学大学院数理学研究科（当時）助手，京都大学大学院理学研究科講師，同准教授，熊本大学大学院自然科学研究科教授，東京工業大学理学院数学系教授を経て，現在，学校法人角川ドワンゴ学園理事．東京工業大学名誉教授．
著書『数学する精神 増補版』（中公新書），『ガロア』『宇宙と宇宙をつなぐ数学』（以上，角川ソフィア文庫），『数学の想像力』（筑摩選書），『リジッド幾何学入門』（岩波書店），『ガロア理論12講』（KADOKAWA），『数研講座シリーズ 大学教養 微分積分』『同 線形代数』（以上，数研出版）など．
訳書 ファン・デル・ヴェルデン『古代文明の数学』（共訳，日本評論社）

物語 数学の歴史　｜　2009年 6 月25日初版
中公新書 2007　｜　2023年 2 月25日 5 版

著　者　加藤文元
発行者　安部順一

本文印刷　三晃印刷
カバー印刷　大熊整美堂
製　　本　小泉製本

発行所 中央公論新社
〒100-8152
東京都千代田区大手町 1-7-1
電話　販売 03-5299-1730
　　　編集 03-5299-1830
URL https://www.chuko.co.jp/

©2009 Fumiharu KATO
Published by CHUOKORON-SHINSHA, INC.
Printed in Japan　ISBN978-4-12-102007-9 C1241